□中国高等职业技术教育研究会推荐

高职高专系列教材

楼宇自动化

盛啸涛　姜延昭　编著

西安电子科技大学出版社

内 容 简 介

本书立足实用,全面描述了楼宇智能化的概念、组成、设计、实施、管理等主流技术。

全书共分八章,内容包括概述、楼宇自动化、保安与消防自动化、通信自动化、办公自动化、综合布线典型案例及智能建筑设计标准。本书编写力求简单实用,在简略介绍基本原理和进行必要的理论分析的基础上,较为详细地讲述了实际工程中所必需的知识和技能,技术针对性强。

本书主要是为高职高专计算机、电气工程、楼宇自动化、建筑工程等相关专业而编写的教科书,也可作为电大、成人继续教育和职业培训的相关教科书,或作为相关领域工程技术人员的参考书。

本书配有电子教案,有需要的老师可与出版社联系,免费提供。

图书在版编目(CIP)数据

楼宇自动化/盛啸涛等编著. —西安:西安电子科技大学出版社,2004.2(2019.8 重印)
(高职高专系列教材)
ISBN 7 - 5606 - 1331 - 4

Ⅰ. 楼… Ⅱ. 盛… Ⅲ. 房屋建筑设备—自动化系统—高等学校:技术学校—教材
Ⅳ. TU855

中国版本图书馆 CIP 数据核字(2003)第 113831 号

策划编辑 马晓娟
责任编辑 吴 奎 马晓娟
出版发行 西安电子科技大学出版社 (西安市太白南路 2 号)
电　　话 (029)88242885　88201467　　邮　　编 710071
网　　址 www.xduph.com　　　　　　电子邮箱 xdupfxb001@163.com
经　　销 新华书店
印刷单位 咸阳华盛印务有限责任公司
版　　次 2004 年 2 月第 1 版　2019 年 8 月第 9 次印刷
开　　本 787 毫米×1092 毫米　1/16　印张 12.25
字　　数 281 字
印　　数 28 001~31 000 册
定　　价 24.00 元
ISBN 7 - 5606 - 1331 - 4 / TP
XDUP 1602001 - 9
*** 如有印装问题可调换 ***
本社图书封面为激光防伪覆膜,谨防盗版。

序

  1999 年以来，随着高等教育大众化步伐的加快，高等职业教育呈现出快速发展的形势。党和国家高度重视高等职业教育的改革和发展，出台了一系列相关的法律、法规、文件等，规范、推动了高等职业教育健康有序的发展。同时，社会对高等职业技术教育的认识在不断加强，高等技术应用型人才及其培养的重要性也正在被越来越多的人所认同。目前，高等职业技术教育在学校数、招生数和毕业生数等方面均占据了高等教育的半壁江山，成为高等教育的重要组成部分，在我国社会主义现代化建设事业中发挥着极其重要的作用。

  在高等职业教育大发展的同时，也有着许多亟待解决的问题。其中最主要的是按照高等职业教育培养目标的要求，培养一批具有"双师素质"的中青年骨干教师；编写出一批有特色的基础课和专业主干课教材；创建一批教学工作优秀学校、特色专业和实训基地。

  为解决当前信息及机电类精品高职教材不足的问题，西安电子科技大学出版社与中国高等职业技术教育研究会分两轮联合策划、组织编写了"计算机、通信电子及机电类专业"系列高职高专教材共 100 余种。这些教材的选题是在全国范围内近 30 所高职高专院校中，对教学计划和课程设置进行充分调研的基础上策划产生的。教材的编写采取公开招标的形式，以吸收尽可能多的优秀作者参与投标和编写。在此基础上，召开系列教材专家编委会，评审教材编写大纲，并对中标大纲提出修改、完善意见，确定主编、主审人选。该系列教材着力把握高职高专"重在技术能力培养"的原则，结合目标定位，注重在新颖性、实用性、可读性三个方面能有所突破，体现高职教材的特点。第一轮教材共 36 种，已于 2001 年全部出齐，从使用情况看，比较适合高等职业院校的需要，普遍受到各学校的欢迎，一再重印，其中《互联网实用技术与网页制作》在短短两年多的时间里先后重印 6 次，并获教育部 2002 年普通高校优秀教材二等奖。第二轮教材预计在 2004 年全部出齐。

  教材建设是高等职业院校基本建设的主要工作之一，是教学内容改革的重要基础。为此，有关高职院校都十分重视教材建设，组织教师积极参加教材编写，为高职教材从无到有，从有到优、到特而辛勤工作。但高职教材的建设起步时间不长，还需要做艰苦的工作，我们殷切地希望广大从事高等职业教育的教师，在教书育人的同时，组织起来，共同努力，编写出一批高职教材的精品，为推出一批有特色的、高质量的高职教材作出积极的贡献。

中国高等职业技术教育研究会会长　李宗尧

前　言

建筑智能化是信息时代的必然产物。随着智能大厦、智能小区、家居智能化、数字校园、企业信息化等新生事物的大量涌现，建筑智能化技术人才和日常管理维护人才的社会需求日益剧增。为了满足这些应用型人才培训和学习的需要，我们编写了本教材。

本书主要讲述智能建筑方面先进、成熟、实用的主流技术，即工程中通常应采用的技术。

本书融合了编者多年来在网络工程、弱电系统集成中的一些经验、体会和教训，并基于已在大专院校和一些培训班上讲授多届的讲稿编写而成。

全书由七章正文和附录组成。第 1 章讲述智能建筑的概念和组成；第 2 章讲述自动化技术基础、供配电、照明、暖通、给排水、电梯与停车场、防雷接地等系统；第 3 章由保安自动化和消防自动化两部分构成；第 4、5 章分别简要介绍通信自动化系统和办公自动化系统；第 6 章描述结构化布线的内容和要点；第 7 章是实际案例，由政府行政中心智能化、厂区智能化、小区智能化、校园智能化四节组成；附录部分给出了常用的智能建筑相关标准和规范，包括国际标准、国家标准和地方标准等。

本书第 1~6 章和第 7 章的部分内容由盛啸涛编写，第 7 章的其他部分和附录部分由姜延昭编写，郑兆林为全书提出了大量的参考意见。全书由盛啸涛统稿并担任主编。

本书在编写中得到了宁波高等专科学校电子系，宁波诚信信息技术发展有限公司的大力支持，彭双一、包晶晶、汤文海等人参与了全书的编排校对工作，谨在此向这些单位及个人表示由衷的感谢，同时也感谢范剑波、宋宏图、阮东波等老师为本书的编写提供的方便和帮助。

鉴于建筑智能化技术的日新月异，许多理论和工程技术问题有待进一步的研究，加之作者水平有限，时间仓促，书中难免存在疏漏之处，敬请读者批评指正。

作　者
2003 年 8 月

目　　录

第 1 章 概 述

本书主要讲述智能建筑的概念、组成、设计、实施和管理等主流技术。

这里所称的智能建筑主流技术，就是指先进、成熟、实用的技术，即工程中通常应采用的技术。考虑的基点是：工程不是科研，工程不宜采用正处于研究阶段的最新科研技术，而应采用成熟、实用的先进技术。

1.1 智能建筑的发展历史

智能建筑(IB—Intelligent Building)一般以美国于 1984 年 1 月在康涅狄格州哈特福德市(Hartford)建设的都市大厦(City Palace Building)为标志。这一诞生仅 20 年的新生事物，以其高效、安全、舒适和便利等优点，势不可挡地迅速成为现代高层建筑的主流，这一智能建筑也被誉为世纪性建筑。

智能建筑(以下简称 IB)产业是综合性科技产业，涉及建筑、电力、电子、仪表、钢铁、机械、计算机、通信和环境等多种行业。随着信息化和新材料技术的发展，智能建筑也将成为 21 世纪世界建筑发展的主流。可以说，智能建筑的水平是一个国家综合国力和科技水平的具体体现。

我国 IB 总数已达上千幢，其发展速度已名列世界前茅，如北京的京广中心、中华大厦，上海的金茂大厦、中远两湾小区等。在运用世界智能建筑主流技术方面或者说引导世界智能建筑主流技术方面，我国与世界发达国家相比，也相差无几。

建设部会同有关部门共同制定的《智能建筑设计标准》经有关部门会审，被批准为推荐性国家标准，编号为 GB/T50314 - 2000，于 2000 年 10 月 1 日起施行。该标准规定，智能建筑中各智能化系统应根据使用功能、管理要求和建设投资等划分为甲、乙、丙三级(住宅除外)，且各级均有扩展性、开放性和灵活性。

1.2 智能建筑的概念

根据 GB/T50314 - 2000 的定义，IB 是以建筑为平台，兼备建筑设备、办公自动化及通信网络系统，集结构、系统、服务、管理及它们之间的最优化组合，向人们提供一个安全、高效、舒适、便利的环境。其基本内涵是：以综合布线系统为基础，以计算机网络系统为桥梁，综合配置建筑物内的各功能子系统，全面实现对通信系统、办公自动化系统、大楼内各种设备(空调、供热、给排水、变配电、照明、电梯、消防、公共安全)等的综合管理。

美国智能化建筑学会(AIB Institute)对 IB 的定义是："IB 是将结构、系统、服务、运营及其相互联系全面综合，达到最佳组合，获得高效率、高功能与高舒适性的建筑。"

欧洲智能建筑界认为："IB 是能以最低的保养成本最有效地管理本身资源，从而让用户发挥最高效率的建筑。"它强调高效率地工作、环境的舒适及低资源浪费等方面。

新加坡要把全岛建成"智能花园"，其规定 IB 必须具备以下条件：一是具有先进的自动化控制系统，能够自动调节室温、湿度、灯光以及控制保安和消防等设备，创造舒适安全的环境；二是具有良好的通信网络设施，使信息能方便地在建筑内或与外界进行流通。

注： 本书中我们不区分"智能化楼宇"、"智能建筑"、"智能大厦"等名称的细微差别，有时也将"智能建筑"、"建筑物"统称为"建筑"。

1.3 智能建筑的组成

智能建筑系统的组成按其基本功能可分为三大块：楼宇自动化系统(BAS—Building Automation System)、办公自动化系统(OAS—Office Automation System)和通信自动化系统(CAS—Communication Automation System)，即"3A"系统。

智能建筑不是多种带有智能特征的系统产品的简单堆积或集合。智能建筑的核心(SIC—System Integrated Center)是系统集成。SIC 借助综合布线系统实现对 BAS、OAS 和 CAS 的有机整合，以一体化集成的方式实现对信息、资源和管理服务的共享。

综合布线系统(PDS—Premises Distribution System 或者 GCS—Generic Cabling System)可形成标准化的强电和弱电接口，把 BAS、OAS、CAS 与 SIC 连接起来。这里，GCS 更偏重于弱电布线。

所以，SIC 是"大脑"，PDS 是"血管和神经"，BAS、OAS、CAS 所属的各子系统是运行实体的功能模块。

目前，有些单位、部门为了宣传和突出某些功能，提出消防自动化系统(FAS—Fire Automation System)和保安自动化系统(SAS—Security Automation System)，形成"5A"系统。后来又提出信息管理自动化系统(MAS—Management Automation System)，出现了"6A"智能建筑。但按国际惯例，FAS 和 SAS 均置于 BAS 中，而 MAS 也属于 CAS 的子系统，因此，本书根据国家标准认为 IB 一般由 SIC、PDS 和"3A"系统五部分组成。具体见图 1.1。

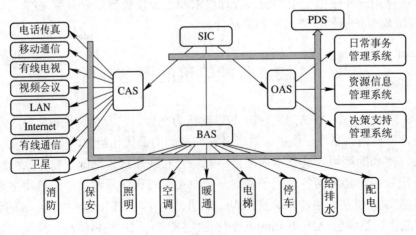

图　1.1

1.4　智能建筑与传统建筑的区别

IB 是在传统建筑平台上为实现智能化而进行全方位改进的产物，从而使冷冰冰的混凝土建筑物成为温暖的、人性化的智慧型建筑。IB 与传统建筑相比，不但功能更多、更强，而且更节约资源，适应性和灵活性更强。

相对于传统建筑，IB 一般具有以下特点：

(1) 工程规模和总建筑面积都比较大，如中、高层建筑，小区，广场，运输枢纽中心等。

(2) 具有重要性质或特殊地位，如电视台，报社，政府、军队、公安的指挥中心，通信枢纽楼宇等。

(3) 应用系统配套齐全，如网络、安全、环境等服务功能完善。

(4) 资金和技术密集，是现代化的高科技产物，需要一个强大的工程部门来管理。

(5) 总体结构复杂，配合协调较多，是一个综合的集成系统。

建筑物具有智能化意味着：

(1) 对环境和使用功能的变化具有感知能力，如室温、光照的感知等。

(2) 具有传递、处理感知信息的能力，如温控、闭路监控等。

(3) 具有综合分析、判断的能力，如根据用户授权提供不同的信息访问能力。

(4) 具有做出决定并且发出指令信息，提供动作响应的能力，如消防处理系统。

以上四种能力建立在 "3A" 有机结合、系统集成的基础上，系统集成程度的高低决定了建筑智能化程度的高低。"3A" 各子系统的简单堆积不能实现高智能化的建筑，反而只会导致系统的复杂化和资源的浪费。

1.5　智能建筑的技术基础

IB 建立在建筑科学、行为科学、信息科学、环境科学、美学、社会工程学和系统工程学等多种学科相互渗透的基础上。"A+4C" 是 IB 的技术基础。"A" 即现代建筑技术 (Architecture)。下面分别介绍 "4C" 的含义。

(1) 现代计算机技术(Computer)，其核心是并行的分布式计算机网络技术。并行使得同时处理多种数据成为可能；通过分布式操作系统，可以使不同系统分别处理不同事件，实现任务和负载的分担，有助于多机合作重构，减少冗余和提高容错能力，用较低的成本实现更高性能、更高可靠性的系统；网络把整个系统连成一个有机的整体，实现信息、资源的共享。

(2) 现代控制技术(Control)，主要指集散型的监控系统(DCS—Distribution Control System)。硬件采用标准化、模块化、系列化的设计；软件采用具有实时多任务、多用户分布式操作系统(可能是嵌入式)；系统具有配置灵活、通用性强、控制功能完善、数据处理方便、显示操作集中、人机界面友好、安装调试方便、维护简单、实时性强、可靠性高等特点。

(3) 现代通信技术(Communication)，通过无线、有线通信技术，实现数据、语音、视频的快速传递。

(4) 现代图像显示技术(CRT)，能在计算机上快速实现开关量、模拟量的形象化显示，通过 CRT 图像化显示实时参数，实现临场感很强的实时控制。

1.6　智能建筑的发展前景

IB 是现代高科技技术的结晶，它赋予了建筑物更强的生命力，提高了其使用价值。随着信息化社会进程的发展，智能建筑中所包含的智能化和自动化的水平将进一步提高。

IB 的发展将追求以下目标：

(1) 提供安全、舒适、快捷、高效的优质服务和良好的工作、生活环境。

(2) 建立技术先进、管理科学和综合集成的高度智能化管理体制。

(3) 节省能源消耗，减少资源浪费，降低日常运行成本。

在国际上，智能建筑已经向"智能建筑群"和"智能城市"发展，如韩国的"智能半岛"计划，新加坡的"智能花园"计划，日本的"海上智能城"和美国的"月球智能城市"计划等等。

随着科学技术的发展，"3A"的重点发展方向可综述如下：

(1) BAS：智能物业管理系统；事故监测控制系统；开放协议/面向对象技术；性能测量及查对控制系统；大范围的报警/监视系统；面貌识别系统。

(2) OAS：办公公文结构；基于网络的办公系统；智能化专家系统；自然语言理解；多媒体数据库技术。

(3) CAS：高带宽网络系统；语音识别与语音合成；智能通信服务；无线和私人通信系统。

总之，IB 将不断地利用成熟的新技术实现人、自然、环境的和谐统一。智能化建筑具有广泛的使用前景，其发展是社会进步的必然。

第 2 章 楼宇自动化

近年来，国内新建了不少大体量、超高层建筑，这些建筑物的内部有大量的电气设备、空调设备、卫生设备等。这些设备多而散：多，即需要控制、监视、测量的对象多达几百点到上千点；散，即这些设备分散在各个层次和角落。如采用分散管理，就地控制、监视和测量，则工作量难以想象。为了合理利用设备，节约能源，确保设备的安全运行，自然地提出了如何加强设备管理的问题。

楼宇自动化系统(BAS—Building Automation System)主要对智能建筑中所有机电设施和能源设备实现高度自动化和智能化的集中管理。它以中央计算机和中央监控系统为核心，对建筑物内设置的供水、电力、照明、空调、冷热源、防火、防盗、监控、门禁、电梯和停车场等各种设备的运行情况进行集中监测控制和科学管理，从而创造出了一个有适宜的温度、湿度、亮度和空气清新的工作或生活环境，达到了节能、高效、舒适、安全、便利和实用的要求。楼宇自动化系统的基本组成如图2.1 所示。

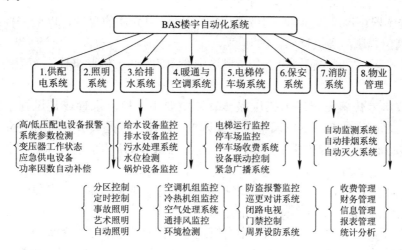

图 2.1

下面各节分别对上述子系统进行详细描述。

2.1 楼宇自动化控制技术基础

假设控制中心是大脑，布线系统是血液神经系统，则建立在自动化控制技术基础之上的各类传感器和控制器就是手脚关节。通过这些自动化单元，可以获得被测对象有关物理、化学性质的信息，并根据这些信息对被测对象进行控制。如传感器、可编程序控制器(PLC)、变送器等。

2.1.1 传感器概述

在测量的过程中将物理量、化学量转变成电信号的装置叫传感器。而把传感器得到的电信号再转变成标准的电信号的装置叫变送器。

传感器、变送器是工业自动化控制及信息检测技术中不可缺少的控制元件。它可以把诸如温度、压力、流量、液位、位置等模拟量或开关量转变成电信号，再由自动化控制仪表或计算机进行控制处理和调节。

借助于传感器和变送器，可以对智能建筑的各类参数进行测试和评定，并进行过程控制和调节，还可以进行远距离的传送和信号处理。

当前，传感器、变送器总的发展趋势是朝着小型化、多功能化及智能化方向发展。特别是增加了数据处理功能、自诊断功能、软硬件相组合功能、人机对话功能、接口功能、显示和报警功能等。它们在楼宇自动化中得到了广泛的应用。

2.1.2 楼宇自控中的传感器与控制器

1. 楼宇自控中常用的传感器

楼宇自控中常用的传感器有如下几种：

(1) 温度传感器。温度传感器用于测量水管或风管中介质的温度，以此来控制相应的水泵、风机、阀门和风门等执行元件的开度。

(2) 湿度传感器。湿度传感器用于测量风道中介质的湿度，以此来控制相应的加湿阀的开度。

(3) 压力或压差传感器。压力或压差传感器主要用来检测水管或是风管中的压力和压差，以此来控制相应的变频器以调整水泵或风机的转速，或是调节比例阀门的开度。

(4) 流量传感器。流量传感器主要是检测水系统中液体的流量，以此来控制相应水泵阀的数量。

因为它们都是传感器，所以通常用来控制模拟量，其输出模拟量是 0～10 V 或是 4～20 A。它们的结构是传感器和变送器的组合。

除了以上常用的传感器之外，BAS 中有时还会用到许多其他类型的特殊传感变送器，如用来检验空气中二氧化碳、一氧化碳浓度等的传感器，用来检测电网中电流或电压的电流电压传感器，用来检测环境明暗程度的照度传感器，还有一些是组合型的传感器，如空气品质传感器、功率因素变送器等等。

2. 楼宇自控中常用的控制器

楼宇自控中常用的控制器有如下几种，它们输出的形式是开关量：

(1) 温度控制器。温度控制器主要用来检测现场的温度，一般是由感温元件、控制电路、信号输出等三部分组成的。在楼宇自控中，温度控制器主要用于测量室内的温度，以此控制风机盘管冷、热水阀的启停。

(2) 湿度控制器。湿度控制器主要用来检测现场的湿度，一般是由感湿元件、控制电路、信号输出等三部分组成的。在楼宇自控中，湿度控制器主要用于室内的湿度检测，以此来控制加湿阀的启停。

(3) 防霜冻保护开关。防霜冻保护开关主要用来检测新风机组或空气处理机中的盘管温度，当温度低于某一设定值时，系统自动关闭风机和新风阀门，同时打开热水电动二通阀来防止盘管的冻结。

(4) 压差开关。压差开关主要用来检测新风机组或空气处理机中的滤网，当滤网发生堵塞时，装在滤网两端的压差开关会发出报警信号。

(5) 水流开关。水流开关主要用来检测管道内是否有水的流动，通常应用于制冷站、热站、给排水等带有泵类的系统中。

(6) 液位开关。液位开关主要用来检测液体的液位，如清水池和污水池的液位。

2.1.3 阀门与电动执行器

在气体和液体的流动控制中，常常用阀门来作为介质流动的控制手段。要想实现自动化控制就得对一些阀门、风门等元件实现自动控制。这就需要用到阀门和电动执行器。

1. 阀门

常见的阀门有如下几种：

(1) 风机盘管电动阀。这是一种平衡式冷热水阀，主要应用于风机盘管的控制中，这类阀所需的功率最小，是通电开启的一种阀门。阀门的开启时间仅为 7 s，具有很好的密闭性，流体允许温度为 0～95℃。

(2) 二通螺纹线性阀。这种阀门主要应用于供热通风和空调，也可以用于饱和水蒸气。它的连接方式是采用内螺纹结构，阀体是纯铜材料。它与电动执行器一起可以实现连续的开度调节，是进行自动调节的主要元件。

(3) 法兰式三通阀。这种阀门主要应用于供热与空调，也可以用于饱和水蒸气。它的连接方式是采用法兰结构，阀体与阀座为一体化结构，泄露率极低，适应的温度为 2～170℃。它与电动执行器一起可以实现连续的开度调节，是进行自动调节的主要元件。

2. 电动执行器

电动执行器有如下几种：

(1) 电动阀门执行器。这种执行器适用于 HVAC 阀门(HVAC：采暖、通风和空调)，内带一个选择正反作用插头，用于提供模拟输出 DC 0～10 V 的调制控制。它具有安装快捷、阀门定位准确、低功耗、高的关断压力、终端推力限位开关等优点。电动线性阀门执行器还带有手动调节和精确的同步电动机控制。阀的自身还带有位置反馈的输出信号，可以和阀门组合在一起进行 PID(比例积分微分，一种闭环回路算法)调节。通常被用来对液体、气体等介质进行变量的开度控制，它也是自动化控制中的主要元件。

(2) 风门执行器。这种执行器用于控制风门、通风百叶窗和 VAV 装置的调节、浮点控制，可以和标准的圆形和方形的风门连杆进行连接，被广泛地应用在风门的开度控制，特别是在空气处理机和新风机组的回风阀、排风阀、新风阀中实行 PID 的控制，使之形成一定的比例连锁控制。

实际的控制回路中，直接数字控制器(DDC)常常不能直接控制相关设备，中间还要用到其他各种类型的辅助控制器以完成动作，如变频器、继电器等。

2.1.4　集散控制系统

集散型控制系统，又称分布式控制系统(DCS—Distributed Control System)，是 20 世纪 70 年代后随着计算机技术与数字通信等技术的发展而诞生的一种先进而有效的控制方法。它的特征是"集中管理，分散控制"，即以分布在现场被控设备处的各种功能性微机(下位机)完成被控设备的实时监测、保护与控制。该系统克服了计算机集中控制带来的危险性高度集中和常规仪表控制功能单一的局限性；以安装于中央监控室并具有很强的数字通信、CRT 显示、打印输出与丰富的控制管理软件功能的中央管理计算机(上位机)完成集中操作、显示与优化控制功能，避免了因常规仪表分散控制而造成的人机联系困难，且便于统一管理。

传感器/控制器群针对水、电、气、报警、消防等终端设施进行检测与控制，一般根据监控需求按类或按组控制。对大型 DCS，中间还有区域控制中心。

分布式系统将许多台计算机联合起来，共同承担监测与控制管理的工作，所连接的每台计算机既可以独立进行监测和控制工作，又可以在中央控制机指导下工作，还可以与其他计算机协调交换信息，共同完成某项控制任务。其灵活性、可靠性要远高于单台控制器。

由于所有的运行参数都可以在中央控制机上显示和控制，因此使用人员只需要操作中央控制机，在正常情况下不再需要直接操作通信网上的其他控制器，这样就极大地方便了系统管理。

DCS 一般通过工业组态软件来实现管理界面。

如图 2.2 所示，集散型计算机控制系统主要由四部分构成。

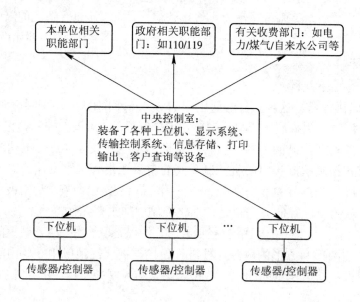

图　2.2

1．中央管理计算机(或称上位机、中央监控计算机)

中央管理计算机设置在中央监控室内，它将来自现场设备的所有信息数据集中提供给监控人员，并接至室内的显示设备、记录设备和报警装置等。由于中央管理计算机是整个 BAS 的核心，相当于人的大脑，其重要性是不言而喻的。普通商用个人计算机用作中央控制机显然是不合理的。一般为了提高计算机的可靠性通常采用两种方法：一种是直接采用工业控制计算机；另一种就是采用容错计算机。工业控制计算机(也称 IPC)由于采用了特殊的生产工艺和手段，其稳定性是普通商用 PC 所无法比拟的。而所谓容错计算机就是采用两台普通 PC 通过互为冗余备份的方法来充当中央控制主机，一旦其中一台 PC 出现故障，作为备份的另一台主机可立刻被专用的总线控制电路启动，从而不会导致系统瘫痪。

2．DDC(直接数字控制器，亦称下位机)

DDC 作为系统与现场设备的接口，它通过分散设置在被控设备的附近收集来自现场设备的信息，并能独立监控有关现场设备。它通过数据传输线路与中央监控室的中央管理监控计算机保持通信联系，接受其统一控制与优化管理。

3．通信网络

中央管理计算机与 DDC 之间的信息传送，由数据传输线路(通信网络)实现，较小规模的 BAS 系统可以简单地使用屏蔽双绞线作为传输介质。

4．传感器与执行器

BAS 系统的末端为传感器和执行器，它被装置在被控设备的传感(检测)元件和执行元件上。这些传感元件如温度传感器、相对湿度传感器、压力传感器、流量传感器、电流电压转换器、液位检测器、压差和水流开关等，将现场检测到的模拟量信号或数字量信号输入至 DDC，DDC 则输出控制信号传送给继电器、调节器等执行元件，对现场被控设备进行控制。

2.1.5　现场总线技术

集散型控制系统还没有从根本上解决系统内部的通信问题和分布式问题，只是自成封闭系统，以固定集散模式和通信约定构成。因此，这种控制系统还很难适应智能大厦种类繁多的设备检测和控制要求。近年来，专门为实时控制而设计的、能在控制层提供互操作的现场总线技术逐渐成熟，如著名的 LonWorks 技术。

现场总线网络是局域网络技术在控制领域的延伸和应用，它是将控制系统按局域网络(LAN)的方式进行构造，用网络节点代替 LAN 中的工作站，并将其安装于监控现场，直接与各种监控传感器和控制器相连。现场总线网中每个节点间可以实现点到点的信息传送，具有极其良好的互操作性，这样便使整个网络实现了无中心的真正的分布式控制模式。这种网络集数据采集、分析、控制和网络通信为一体，十分适合于智能建筑进行分布式网络管理和控制。近年来，楼宇自动化正在向着开放系统迅速发展。在实时控制方面，实现可互相操作的现场总线技术的通信协议如 LonTalk 等也应运而生，为楼宇自动化中的传感器、执行器和控制器之间的网络化操作奠定了基础。

图 2.3 为一典型现场总线系统结构图。其中，NCU 是网络控制器，NCU 与中央管理计算机间以 N1 总线连接，而 NCU 与下位机(DDC)之间则以 N2 总线(现场总线网)相连接。

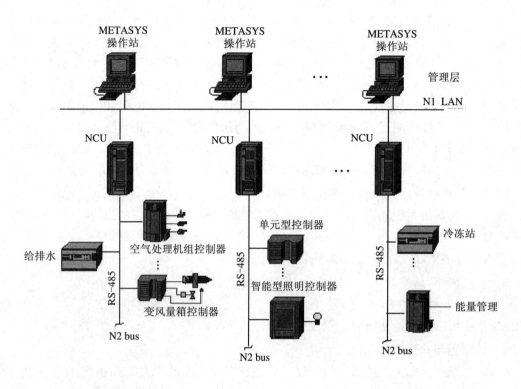

图 2.3

2.1.6 直接数字控制器

直接数字控制器(DDC—Direct Digital Controller)，又称下位机，从某种意义上讲，它是整个楼宇自控系统的关键。"控制器"指完成被控设备特征参数与过程参数的测量并达到控制目标的控制装置。"数字"的含义是指该控制器利用数字电子计算机来实现其功能要求。"直接"意味着该装置在被控设备的附近，无需再通过其他装置即可实现上述全部测控功能。因此，DDC 实际上也是一个计算机，它应具有可靠性高、控制功能强、可编写程序等特点，既能独立监控有关设备，又可通过通信网络接受来自中央管理计算机的统一控制与优化管理。

1. DDC 支持的监控点

DDC 能够支持以下不同性质的监控点：

(1) 模拟量输入(AI)；

(2) 开关量输入(DI)；

(3) 模拟量输出(AO)；

(4) 开关量输出(DO)。

2. DDC 的主要功能

DDC 的主要功能包括以下几个方面：

(1) 对第三层的数据采样设备进行周期性的数据采集。

(2) 对采集的数据进行调整和处理(滤波、放大、转换)。

(3) 对现场采集的数据进行分析，确定现场设备的运行状态。

(4) 对现场设备运行状况进行检查对比，并对异常状态进行报警处理。

(5) 根据现场采集的数据执行预定的控制算法(连续调节和顺序逻辑控制的运算)而获得控制数据。

(6) 通过预定控制程序完成各种控制功能，包括比例控制、比例加积分控制、比例加积分加微分控制、开关控制、平均值控制、最大/最小值控制、焓值计算控制、逻辑运算控制和连锁控制。

(7) 向第三层的数据控制和执行设备输出控制和执行命令(执行时间、事件响应程序、优化控制程序等)。

(8) 通过数据网关(DG)或网络控制器(NCU)连接第一层的设备，与各上级管理计算机进行数据交换，向上传送各项采集数据和设备运行状态信息，同时接收各上级计算机下达的实时控制指令或参数的设定与修改指令。

DDC 拥有 BAS 所要求的几乎所有功能，基本上已经可以完成所有运作，只是在监控的范围和信息存储及处理能力上有一定限制。因此，直接式数字控制器可以看作是小型的、封闭的、模块化的中央控制计算机。在很小规模、功能单一的 BAS 中可以仅仅使用一到多台控制器完成控制任务；在一定规模、功能复杂的系统中可以根据不同区域、不同应用的要求采用一组控制器完成控制任务，并由中央管理系统收集信息和协调运作；而在大型的、复合功能众多的、智能化程度很高的系统中，必须采用大量的控制器分别完成各方面的控制任务，并依靠中央管理系统随时监视、控制和调整控制器的运行状态，完成复杂周密的控制操作。

一般来说，DDC 都具有多个可编程控制模块及 PLC 逻辑运算模块，除了能完成各种运算及 PID 回路控制功能以外，还具有多种统计控制功能，可同时设置多个时间控制程序。控制器具有独立运作的功能，当中央操作站及网络控制器发生问题时，控制器不受影响，继续进行运作，完成原有的全部监控功能。根据不同的用途，直接式数字控制器可以分为两大类：一类是功能专一的控制器，一般用于某个特定的子系统中执行某些特定的控制功能；另一类是模块化的控制器，在不同控制要求和控制条件下，可以插入不同模块，执行不同的控制功能，并可以通过中央管理系统或手提的移动终端修改控制程序和控制参数。可编程模块化控制器是最灵活、功能最强的 DDC 设备，因此，现在各 BA 厂商都有类似产品，并被广泛地应用。

3. 常见的专用控制器类型

常见的专用控制器主要包括下述几类：

(1) 空气处理机组控制器；

(2) 空调控制器；

(3) 照明控制器；

(4) 变风量控制器；

(5) 消防报警控制器。

更常用的是模块化控制器。模块化控制器是可编程的、以计算机模块为基础的直接数字式控制器。其基本结构包括一个可内插多个模块的机架，一个计算机模块和一个电源供应模块。根据不同的具体应用，还可以内插各种不同用途的通信模块、辅助控制模块和输入/输出(Analogy/Digital)模块。

2.2 供配电监控系统

供配电系统是大厦的动力系统，是保证大厦各个系统正常工作的充分必要条件。

2.2.1 检测对象

大厦供配电监控系统主要用来检测大厦供配电设备和备用发电机组的工作状态及供配电质量。该系统一般可分为以下几个部分：

(1) 高/低压进线、出线与中间联络断路器状态检测和故障报警设备，电压、电流、功率、功率因数的自动测量、自动显示及报警装置。

(2) 变压器二次侧电压、电流、功率、温升的自动测量、显示及高温报警设备。

(3) 直流操作柜中交流电源主进线开关状态监视设备，直流输出电压、电流等参数的测量、显示及报警装置。

(4) 备用电源系统，包括发电机启动及供电断路器工作状态的监视与故障报警设备，电压、电流、有功功率、无功功率、功率因数、频率、油箱油位、进口油压、冷却出水水温和水箱水位等参数的自动测量、显示及报警装置。

2.2.2 控制内容

电力供应监控装置根据检测到的现场信号或上级计算机发出的控制命令产生开关量输出信号，通过接口单元驱动某个断路器或开关设备的操作机构来实现供配电回路的接通或分断。要实现上述控制，通常应包括以下几方面的内容：

(1) 高、低压断路器，开关设备按顺序自动接通、分断。

(2) 高、低压母线联络断路器，按需要自动接通、分断。

(3) 备用柴油发电机组及其配电瓶，开关设备按顺序自动合闸，转换为正常供配电方式。

(4) 大型动力设备，定时启动、停止及顺序控制。

(5) 蓄电池设备，按需要自动投入及切断。

另外，供配电系统除了实现上述保证安全、正常供配电的控制外，还能根据监控装置中计算机软件设定的功能，以节约电能为目标，对系统中的电力设备进行管理，主要包括：变压器运行台数的控制，合约用电量经济值监控，功率因数补偿控制及停电复电的节能控制。图 2.4 为一个实际高低配电回路监控系统原理图。由图可见，系统只有 AI 和 DI 点而没有 AO 或 DO 点，也就是说系统只有监测功能而没有控制功能，这显然不是很完美。然而目前国内供配电系统独立性较强，考虑到安全等多种因素，此方案也常有应用。

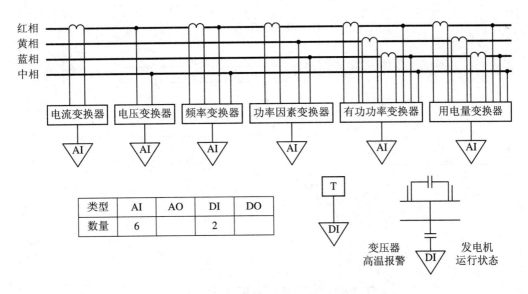

图　2.4

2.3　照明监控系统

　　智能大厦是多功能的建筑，不同用途的区域对照明有不同的要求。因此，应根据使用的性质及特点，对照明设施进行不同的控制，在系统中应包含一个智能分站，对整个大厦的照明设备进行集中的管理控制，一般称其为照明与动力监控系统。该系统包括大厦各层的照明配电箱、事故照明配电箱和动力配电箱。

　　照明监控系统的任务主要有两个方面：一方面是为了保证建筑物内各区域的照度及视觉环境而对灯光进行控制，称为环境照度控制，通常采用定时控制、合成照度控制等方法来实现；另一方面是以节能为目的对照明设备进行的控制，简称照明节能控制，有区域控制、定时控制、室内检测控制三种控制方式。

　　具体监控功能包括下述内容：

　　(1) 根据季节的变化，按时间程序对不同区域的照明设备分别进行开/停控制。

　　(2) 正常照明供电出现故障时，该区域的事故照明立即投入运行。

　　(3) 发生火灾时，按事件控制程序关闭有关的照明设备，打开应急灯。

　　(4) 有保安报警时，将相应区域的照明灯打开。

　　另外还有节能照明、艺术照明等等。

　　作为 BAS 的子系统，照明监控系统既要对各照明区域的照明配电柜(箱)中的开关设备进行控制，还要与上位计算机进行通信，接受其管理控制，因此，它是典型的计算机监控系统。典型照明及动力回路监控原理图如图 2.5 所示。此系统也比较简单，室外照度传感器监测室外照度，当照度低于或高于某一设定值时，系统通过启停控制 DO 点启动或关闭照明回路，实现自动控制。当然，系统的启停还要受到许多其他因素如时间表、手动干预、运行状态(DI)等的影响。

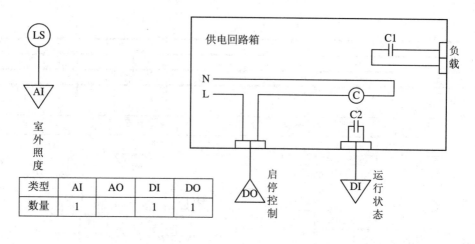

类型	AI	AO	DI	DO
数量	1		1	1

图 2.5

2.4 暖通空调监控系统

良好的工作环境,要求室内温度适宜,湿度恰当,空气洁净。暖通空调监控系统(HVAC—Heating Ventilate Air Conditioning)就是为了营造良好的工作环境,并对大厦大量暖通空调设备进行全面管理而实施监控的系统。

2.4.1 新风机组的监控

新风机组中空气—水换热器,夏季通入冷水对新风降温除湿,冬季通入热水对空气加热,干蒸汽加湿器用于冬季对新风加湿。具体功能如下所述:

(1) 检测功能:监视风机电机的运行/停止状态;监测风机出口空气温度和湿度参数;监测新风过滤器两侧压差,以了解过滤器是否需要更换;监视新风阀打开/关闭状态。

(2) 控制功能:控制风机启动/停止;控制空气—水换热器水侧调节阀,使风机出口温度达到设定值;控制干蒸汽加湿器阀门,使冬季风机出口空气湿度达到设定值。

(3) 保护功能:冬季当某种原因造成热水温度降低或热水停止供应时,应该停止风机工作,关闭新风阀门,以防止机组内温度过低导致冻裂空气—水换热器;当热水恢复正常供热时,应该能启动风机,打开新风阀,恢复机组正常工作。

(4) 集中管理功能:智能大楼各机组附近的 DDC 控制装置通过现场总线与相应的中央管理机相连,于是可以显示各机组启/停状态;传送温度、湿度及各阀门状态值;发出任一机组的启/停控制信号;修改送风参数设定值;任一新风机组工作出现异常时,发出报警信号。

2.4.2 空调机组的监控

空调机组的调节对象是相应区域的温度、湿度参数,因此,送入装置的输入信号还包括被调区域内的温、湿度信号。当被调区域较大时,应安装几组温、湿度测点,以各点测量信号的平均值或重要位置的测量值作为反馈信号；若被调区域与空调机组 DDC 装置安装现场距离较远时，可专设一台智能化的数据采集装置装于被调区域，将测量信息处理后通过现场总线送至空调 DDC 装置。在控制方式上，一般采用串级调节方式，以防室内外的热干扰、空调区域的热惯性以及各种调节阀门的非线性等因素的影响。

对于带有回风的空调机组而言，除了保证经过处理的空气参数满足舒适性要求外，还要考虑节能问题。由于存在回风，需要增加新风、回风空气参数测点。但是回风道存在较大的惯性，使得回风空气状态不完全等同于室内空气状态，因此，室内空气参数信号必须由设在空调区域的传感器取得。另外，新风和回风混合后，空气流通混乱，温度也很不均匀，很难得到混合后的平均空气参数。因此，不测量混合空气的状态，也不用该状态作为 DDC 控制的任何依据。

图 2.6 是一个典型的双风空气处理机系统原理图。由图可见，若调节风量阀处于全关死状态亦即全新风运行状态，则双风机就变成了两个独立的新风机和排风机了。全新风运行虽然使空气品质较好，但是热量(或冷量)利用率较低，不利于节约能源。这种系统一般只在大楼一层大厅等场所采用。

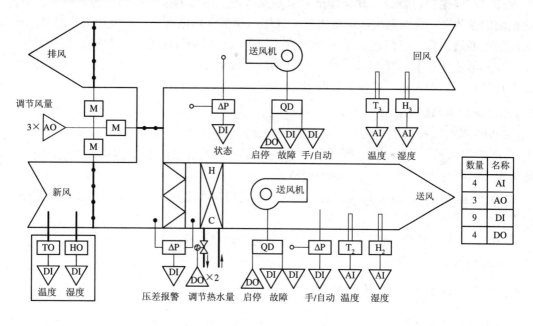

图　2.6

2.4.3　变风量系统的监控

变风量系统(VAV)是一种新型的空调方式，在智能化大楼的空调中被越来越多地采用。带有 VAV 装置的空调系统各环节需要协调控制，其内容主要体现在以下几个方面：

(1) 由于送入各房间的风量是变化的，空调机组的风量将随之变化，因此应采用调速装置对送风机转速进行调节，使之与变化风量相适应。

(2) 送风机速度调节时，需引入送风压力检测信号参与控制，从而保证各房间内的送风压力不会出现大的变化，使系统装置正常工作。

(3) 对于 VAV 系统，需要检测各房间的风量、温度以及风阀位置等信号，并且经过统一的分析处理后才能给出送风温度设定值。

(4) 在进行送风量调节的同时，还应调节新风、回风阀，从而使各房间有足够的新风。

2.4.4　暖通系统的监控

暖通系统主要包括热水锅炉房、换热站以及供热网等。根据智能化大楼的特点，下面主要针对供暖锅炉房的监控进行概要介绍。

供暖锅炉房的监控对象可分为燃烧系统和水系统两大部分。其监控系统可以由若干台 DDC 及一台中央管理机构成。各 DDC 装置分别对燃烧系统、水系统进行监测控制，根据供热状况控制锅炉及各循环泵的开启台数，设定供水温度和循环流量，协调各台 DDC 完成监控管理功能。

1．锅炉燃烧系统的监控

热水锅炉燃烧过程的监控任务主要是根据对产热量的要求，控制送煤链条速度及进煤挡板高度，根据炉内燃烧情况、排烟含氧量及炉内负压控制鼓风、引风机的风量。为此，应检测的参数有：排烟温度，炉膛出口、省煤器及空气预热器出口温度，供水温度，炉膛、对流受热面进出口、省煤器、空气预热器、除尘器出口烟气压力，一次风、二次风压力，空气预热器前后压差，排烟含氧量信号以及挡煤板高度位置信号。燃烧系统需要控制的参数有炉排速度，鼓风机、引风机风量及挡煤板高度等。

2．锅炉水系统的监控

锅炉水系统监控的主要任务有以下三个方面：

(1) 保证系统安全运行：主要保证主循环泵的正常工作及补水泵的及时补水，使锅炉中循环水不中断，也不会由于欠压缺水而放空。

(2) 计量和统计：测定供回水温度、循环水量和补水流量，从而获得实际供热量和累计补水量等统计信息。

(3) 运行工况调整：根据要求改变循环水泵运行台数或改变循环水泵转速，调整循环流量，以适应供暖负荷的变化，节省电能。

2.4.5　冷热源及其水系统的监控

智能化大厦中的冷热源主要包括冷却水、冷冻水及热水制备系统。其监控特点如下所述。

1．冷却水系统的监控

冷却水系统的作用是通过冷却塔和冷却水泵及管道系统向制冷机提供冷水。监控的目的主要是保证冷却塔风机和冷却水泵安全运行；确保制冷机冷凝器侧有足够的冷却水通过；根据室外气候情况及冷负荷调整冷却水运行工况，使冷却水温度保持在要求的范围内。

2．冷冻水系统的监控

冷冻水系统由冷冻水循环泵通过管道系统连接冷冻机蒸发器及用户的各种冷水设备(如空调机和风机盘管)而组成。对其进行监控的目的主要是要保证冷冻机蒸发器通过足够的水量以使蒸发器正常工作；向冷冻水用户提供足够的水量以满足使用要求；在满足使用要求的前提下尽可能地减少水泵耗电，实现节能运行。

　　图 2.7 是一个典型的冷源系统监控原理图，实际应用中冷冻机组可能不止一个，但是多台机组的监控方法是基本一样的。

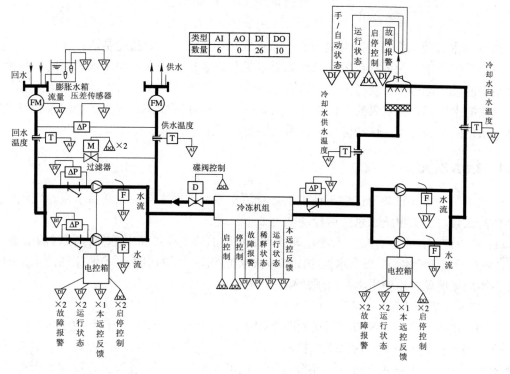

图　2.7

3．热水制备系统的监控

　　热水制备系统以热交换器为主要设备，其作用是产生生活、空调及供暖用热水。对这一系统进行监控的主要目的是监测水力工况以保证热水系统的正常循环，控制热交换过程以保证要求的供热水参数。图 2.8 为一热交换系统监控图，而实际的热交换器可能不止一台，其中，热水供水常用于空调和生活供水等情况。

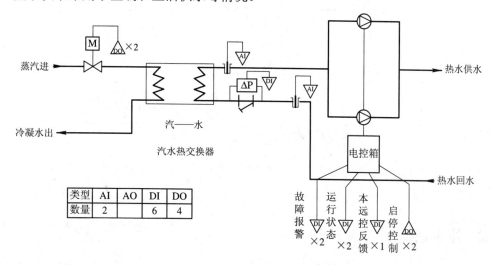

图　2.8

2.5　给排水监控系统

给水排水监控系统是智能大厦中的一个重要系统，它的主要功能是通过计算机控制及时地调整系统中水泵的运行台数，以达到供水量和需水量、来水量和排水量之间的平衡，实现泵房的最佳运行，实现高效率、低能耗的最优化控制。BAS 给排水监控对象主要是水池、水箱的水位和各类水泵的工作状态。例如：水泵的启/停状态，水泵的故障报警以及水箱高低水位的报警等等。这些信号可以用文字及图形显示、记录和打印。

2.5.1　给水系统

给水系统的主要设备有：地下储水池、楼层水箱、地面水箱、生活给水泵、气压装置和消防给水泵等。大厦给水系统监控功能有如下三种：

(1) 地下储水池水位、楼层水池、地面水池水位的检测及当高/低水平超限时的报警。

(2) 对于生活给水泵，根据水池(箱)的高/低水位控制水泵的启/停，检测生活给水泵的工作状态和故障现象。当使用水泵出现故障时，备用水泵会自动投入工作。

(3) 气压装置压力的检测与控制。

典型生活恒压供水系统监控原理如图 2.9 所示。图中液位开关用于检测生活供水池的水位高度。当水位低于低限值时，系统控制相应的进水管使其开通；当水位高于高限值时则令进水管关闭。三个补水泵可互为冗余备份，也可同时工作，一般视压力反馈点所检测的供水水压而定。如水压偏高则只令一台工作，而水压过低则可令两台或三台同时工作。

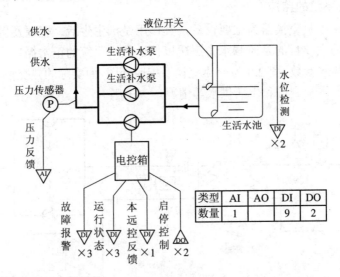

类型	AI	AO	DI	DO
数量	1		9	2

图　2.9

2.5.2　排水系统

排水系统的主要设备有：排水水泵、污水集水井、废水集水井等。其监控功能如下所述：

　(1) 集水井和废水集水井水位检测及超限报警。

　(2) 根据污水集水井与废水集水井的水位，控制排水泵的启/停。当水位达到高限时，连锁启动相应的水泵，直到水位降至低限时连锁停泵。

　(3) 排水泵运行状态的检测以及发生故障时报警。

　典型排污水监控系统如图 2.10 所示。一般排水系统较供水系统简单，是因为它不需要控制污水井的进水(事实上也无法控制)，而且对于排水水压通常也不关心，甚至有时为了节省投资干脆将污水井的水位检测都取消，系统只要定时设定其启停即可。

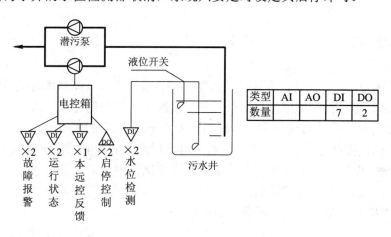

类型	AI	AO	DI	DO
数量			7	2

图　2.10

2.5.3　热水系统

　热水系统的主要设备有：自动燃油/燃气热水器、热水箱、热水循环水泵(回水泵)等。

　热水系统监控功能有如下五个方面：

　(1) 热水循环泵按时间程序启动/停止。

　(2) 热水循环泵状态检测及故障报警(当发生故障时，相应备用泵自动投入运行)。

　(3) 热水器与热水循环连锁控制，当循环泵启动后，热水器(炉)才能加热，控制热水温度。

　(4) 热水供水温度和回水温度的检测。

　(5) 对于热水部分，当热水箱水位降至低限时，连锁开启热水器冷水进口阀，以补充系统水源；当热水水位达到高限时，连锁关闭冷水进水阀。

2.6　电梯与停车场监控系统

　电梯、停车场系统是智能建筑中不可缺少的设施。它们为智能建筑服务时，不但自身要有良好的性能和自动化程度，而且还要与整个 BAS 协调运行，接受中央计算机的监视、管理及控制。这里，部分功能可能属于 OAS，如停车场收费系统；有些则属于 SA，如电梯间监控。

2.6.1　电梯监控系统

电梯可分为直升电梯和手扶电梯两类。而直升电梯按其用途又可分为客梯、货梯、客货梯、消防梯等。

电梯的控制方式可分为层间控制、简易自动控制、集选控制、有/无司机控制以及群控等。对于大厦电梯，通常选用群控方式。

电梯的自动化程度体现在两个方面：一是其拖动系统的组成形式；二是其操纵的自动化程度。

1．电梯拖动系统

常见的电梯拖动系统有以下三种：

(1) 双速拖动方式：以交流双速电动机作为动力装置，通过控制系统按时间原则控制电动机的高/低速绕组连接，使电梯在运行的各阶段速度作相应的变化。但是在这种拖动方式下，电梯的运行速度是有级变化的，舒适感较差，不适于高层建筑中使用。

(2) 调压调速拖动方式：由单速电动机驱动，用晶闸管控制送往电动机上的电源电压。受晶闸管控制，电机的速度可按要求的规律连续变化，因此乘坐舒适感好，同时拖动系统的结构简单。但由于晶闸管调压的结果，主电路三相电压波形严重畸变，不仅影响供电质量，还造成电机严重发热，故不适用于高速电梯。

(3) 调压调频拖动方式：又称 VVVF 方式。利用微机控制技术和脉冲调制技术，通过改变曳引电动机电源的频率及电压使电梯的速度按需变化。由于采用了先进的调速技术和控制装置，因而 VVVF 电梯具有高效、节能、舒适感好、控制系统体积小、动态品质及抗干扰性能优越等一系列优点。这种电梯拖动系统是现代化高层建筑中电梯拖动的理想形式。

2．电梯操纵形式

电梯操纵自动化是指电梯对来自轿厢、厅站、井道、机房等外部控制信号进行自动分析、判断及处理的能力，是其使用性能的重要标志。常见的操纵形式有按扭控制、信号控制和集选控制等形式。一般高层建筑中的乘客电梯多为操纵自动化程度较高的集选控制电梯。"集选"的含义是将各楼层厅外的上、下召唤及轿厢指令、井道信息等外部信号综合在一起进行集中处理，从而使电梯自动地选择运行方向和目的层站，并自动地完成启动、运行、减速、平层、开/关门及显示、保护等一系列功能。例如集选控制的 VVVF 电梯由于自动化程度要求高，一般都采用计算机为核心的控制系统。该系统电气控制柜弱电部分通常为起运动和操纵控制作用的微型计算机系统或可编程序控制器(PLC)，强电部分则主要包括整流、逆变半导体及接触器等执行电器。柜内的计算机系统带有通信接口，可以与分布在电梯各处的智能化装置(如各层呼梯装置和轿厢操纵盘等)进行数据通信，组成分布式电梯控制系统，也可以与上位监控管理计算机联网，构成电梯监控网络。

3．电梯的监控功能

电梯的监控功能有如下五个方面：

(1) 电梯升降控制器作为 BAS 的一个分站，它控制和扫描电梯升降层的信号，并将其传送到中央控制站。

(2) 对各部电梯的运行状态进行检测。

(3) 故障检测与报警，包括厅门、厢门的故障检测与报警；轿厢上下限超限故障报警以及钢绳轮超速故障报警等。

(4) 各部电梯的开/停控制，电梯群控，例如当任一层用户按叫电梯时，最接近用户的同方向电梯，将率先到达用户层，以缩短用户的等待时间；自动检测电梯运行的繁忙程度以及控制电梯组的开启/停止的台数，以便节省能源。

(5) 当发生火警时，由电梯升降控制器控制所有的电梯，包括将直升客梯和直升货梯降至底层，并切断电梯的供电电源。

4. 电梯监控系统的构成

根据上述电梯监控系统的功能可知，必须以计算机为核心，组成一个智能化的监控系统才能完成所要求的监控任务。同时，作为智能建筑 BAS 的子系统，它必须与中央管理计算机或大楼管理计算机系统(BMS)以及消防控制系统进行通信，以便与 BAS 构成有机整体。

整个系统由主控制器、电梯控制屏(DDC)、显示装置(CRT)、打印机、远程操作台和串行通信网络组成。主控制器以 32 位微机为核心，一般为 CPU 冗余结构，因而可靠性较高，它与设在各电梯机房的控制屏进行串行通信，对各电梯进行监控。主控器采用高清晰度的大屏幕彩色显示器，监视、操作都很方便。主控制器与上位计算机(或 BMS 系统)及安全系统具有串行通信功能，以便与 BAS 形成整体。系统具有较强的显示功能，除了正常情况下显示各电梯的运行状态之外，当发生灾祸或故障时，用专用画面代替正常显示图面，并且当必须管制运行或发生异常时，能把操作顺序和必要的措施显示在画面上，因此可迅速地处理灾祸和故障，提高对电梯的监控能力。

电梯的运行状态可由管理人员用光笔或鼠标器直接在 CRT 上进行干预，以便根据需要随时启、停任何一台电梯。电梯的运行及故障情况定时由打印机进行记录，并向上位管理计算机(或 BMS)送出。当发生火灾等异常情况时，消防监控系统及时向电梯监控系统发出报警及控制信息，电梯监控系统主控制器再向相应的电梯 DDC 装置发出相应的控制信号，使它们进入预定的工作状态。

另外，有些电梯设有门禁系统的智能卡读卡器，根据有效卡授权持卡人前往相应的楼层。无有效卡者，电梯不予开门，这便有效地控制了楼层人员的活动空间。这种门禁系统一般用于保密级要求较高的单位。

2.6.2 停车场监控系统

近几年来，我国停车场自动管理技术已逐渐走向成熟，停车场管理系统向大型化、复杂化和高科技化方向发展，已经成为智能建筑的重要组成部分，并作为楼宇自控系统的一个子系统与计算机网络相连，使远距离的管理人员可以监视和控制停车场。

智能停车场管理系统是采用先进技术和高度自动化的机电设备，并结合用户在停车场收费管理方面的需求，以及交通管理方面的经验而开发的智能系统。该系统提供了一种高效率的管理方式，为用户提供更方便、更有效的服务。

智能停车场管理系统采用图形人机界面操作方式，具有操作简单、使用方便、功能先进等优点，车场使用者可以在最短的时间进入或离开停车场，以提高车库管理质量，取得较高的经济效益和良好的社会效益。

1. 智能停车场管理系统的组成

智能停车场管理系统设立有自动收费站，无需操作员即可完成其收费管理工作。智能停车场系统按其所在环境不同可分为内部智能停车场管理系统和公用智能停车场管理系统两大类。

内部停车场综合管理系统主要面向该停车场的固定车主与长期租车位的单位、公司及个人，一般多用于单位自用停车场、公寓及住宅小区配套停车场、办公楼的地下停车场、长期车位租借停车场与花园别墅小区停车场等。此种停车场的特点是使用者固定，禁止外部车使用。

公用智能停车场管理系统一般设在大型的公共场所。使用者通常是一次性使用者，不但对散客临时停车，而且对内部用户的固定长期车辆进行服务。该停车场的特点是：对固定的长期车辆与临时车辆共用出入口，分别管理。

如图 2.11 所示，智能停车场管理系统一般由入口管理站、出口管理站和计算机监控中心等几部分构成。停车场的入口管理站设有地感线圈、闸门机、感应式阅读器、对讲机、指示显示入口机、电子显示屏、自动取卡机和摄像机。停车场的出口管理站设有地感线圈、出口机、对讲机、电子显示屏、闸门机等。计算机监控中心包括计算机主机、显示器、对讲机和票据打印机等。

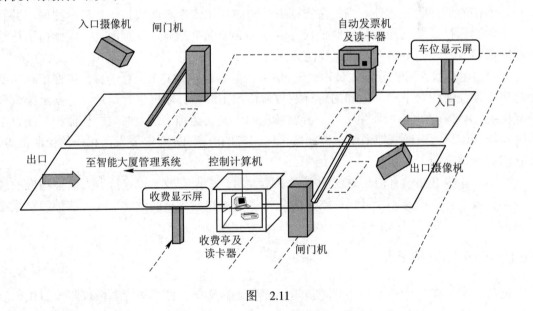

图 2.11

2. 智能停车场管理系统的功能

计算机管理中心可以对整个停车场的情况进行监控和管理，包括出入口管理和内部管理，并将采集的数据和系统工作状态信息存入计算机，以便进行统计、查询和打印报表等工作。其特点是采用计算机图像比较，用先进的非接触感应式智能卡技术，自动识别进入停车场用户的身份，并通过计算机图像处理来识别出入车辆的合法性。车辆出入停车场，完全处于计算机监控系统之下，使停车场的出入、收费、防盗和车位管理完全智能化，并具有方便快捷、安全可靠的优点。

1) 入口管理

当车辆驶近入口，可以看到停车场指示信息，标志牌显示入口方向与车库内车位的情况。当通过地感线圈时，监控室可以监测到有车辆将要驶入，若车库停车已满，则库满灯亮，拒绝车辆再进入；若车未满，允许车辆进入。车辆开到入口机处，使用感应卡确认，如果该卡符合进入权限，会自动开启车库门，及时让车辆通过，然后判断并自动关闭车库门，防止下面车辆通过。可由摄像机摄下进场车辆图像、车牌数据与停车凭证数据(凭证类型、编号、进库日期、时间)，一并存入管理系统的计算机，以备该车出场时进行车辆图像与卡片信息的比较，确认该车是否合法出场。

2) 出口管理

出口管理站主要的任务是对驶出的车辆进行自动收费。当车辆驶近出口电动栏杆处时，出示感应票卡、停车凭证，经读卡机识别，此时出行车辆的编号、出库时间、出口车牌摄像识别器提供的车牌数据和阅读机数据一起被送入管理系统，进行核对与计费，出口管理站检验确认票卡有效并核实正确后，出口电动栏杆升起放行。

出口站可以确认票卡是否有效。如果确认所持票卡无效，则出口管理站收回或还给驾驶员，拒绝驾驶员将车辆驶出停车场，信息屏将显示相应的信息。

3. 计算机管理软件

智能停车场全部采用计算机自动管理，监视车库情况。需要时，管理人员通过主控计算机对整个停车场的情况进行监控管理。可实时监察每辆车的出入情况，并自动记录车辆的出入时间、车位号、停车费等信息，同时可以完成发放内部卡、统一设置系统设备的参数(如控制器、收款机等)、统计查询历史数据等工作，并且打印出各种报表。还可以对不同的内部车辆分组授权，登记有效使用期。

管理软件由实时监控、设备管理、打印报表和系统设置等模块组成。操作员可以通过鼠标操作完成大部分功能。

1) 实时监控

实时监控包括监控设备工作情况、工作模式等。当读卡器控制到车辆出现时，立即向计算机报告工作模式。在计算机的屏幕上实时显示各出入口车辆的卡号、状态、时间和车主的信息等。如果有临时车辆出入车库，那么计算机还负责向电子显示屏输出显示信息，向远端收款台的票据打印机传送收费信息。

2) 设备管理

设备管理的功能是对出入口(读卡器)和控制器等硬件设备的参数和权限等进行设置。

3) 系统设置

系统设置是指对软件自身的参数和状态进行修改、设置和维护。包括口令设置，修改软件参数，系统备份和修复，进入系统保护状态等。系统设置的安全功能是指对系统设置相应的保安措施，限定工作人员的操作级别，管理人员需输入其操作密码方可在自己的管理权限上操作。

4) 查询与报表

历史查询包括系统车流量统计、系统故障查询、收费状况查询等。停车场的停车数量由计算机监控中心进行统计管理，可根据票卡的种类不同来统计停车场的车流量，生成会员报表、车库使用报表，以进行统计和结算。可以根据需要对查询系统进行修改。

2.7 防雷与接地系统

2.7.1 雷电危害

  智能建筑内包含大量的电子设备与计算机系统。这些电子设备与计算机系统通常属于耐电压等级低、防干扰要求高的弱电设备，最怕受到雷击。普通建筑物的避雷装置把强大的雷电流通过引下线入地，而这一电流在附近空间产生了强大的电磁场变化，会在相邻的导线(包括电源线和信号线)上感应出雷电过电压，因此普通建筑物的防雷系统不但不能保护这些电子设备与计算机系统，而且可能会引入雷电。因此，智能建筑的防雷保护成为一个越来越重要的课题摆在我们面前。

  雷电波入侵智能建筑的形式有两种，一种是直击雷，另一种是感应雷。一般来说，直击雷击中智能楼宇内的电子设备的可能性很小，通常不必安装防护直击雷的设备。感应雷即是由雷闪电流产生的强大电磁场变化与导体感应出的过电压、过电流形成雷击。

  感应雷入侵电子设备及计算机系统主要有以下三条途径：

(1) 雷电的地电位反击电压通过接地体入侵。

(2) 由交流供电电源线路入侵。

(3) 由通信信号线路入侵。

  不管是通过哪种形式、哪种途径入侵，都会使电子设备及计算机系统受到不同程度的损坏或严重干扰。

2.7.2 几种常见的通用接地系统

1. TN–C 系统

  TN–C 系统被称之为三相四线系统，属保护接零。该系统中性线 N 与保护接地 PE 合二为一，通称 PEN 线。这种接地系统虽然对接地故障灵敏度高，线路经济简单，但是它只适合用于三相负荷较平衡的场所。智能化大楼内，单相负荷所占比重较大，难以实现三相负荷平衡，PEN 线的不平衡电流加上线路中存在着的由于荧光灯、晶闸管(可控硅)等设备引起的高次谐波电流，在非故障情况下，会在中性线 N 上叠加，使中性线 N 电压波动，且电流时大时小极不稳定，造成中性点接地电位不稳定漂移。这不但会使设备外壳(与 PEN 线连接)带电，对人身不安全，而且也无法取到一个合适的电位基准点，精密电子设备无法准确且可靠地运行。因此，TN–C 接地系统不能作为智能化建筑的接地系统。

2. TN–C–S 系统

  TN–C–S 系统由两个接地系统组成。第一部分是 TN–C 系统，第二部分是 TN–S 系统，分界面在 N 线与 PE 线的连接点处。该系统一般用在建筑物的供电由区域变电所引来的场所。进户之前采用 TN–C 系统，进户处做重复接地，进户后变成 TN–S 系统。TN–C 系统前面已做过分析。TN–S 系统的特点是：中性线 N 与保护接地线 PE 在进户时共同接地后，不能再有任何电气连接。该系统中，中性线 N 常会带电，保护接地线 PE 没有电的来源。PE线连接的设备外壳及金属构件在系统正常运行时始终不会带电。因此，TN–S 接地系统明显提高了人和物的安全性。同时，只要我们采取接地引线，各自都从接地体一点引出，选择正确的接地电阻值使电子设备共同获得一个等电位基准点，那么 TN–C–S 系统就可以作为智能型建筑物的一种接地系统。

3. TN–S 系统

TN–S 是一个三相四线加 PE 线的接地系统。通常建筑物内设有独立变配电所时，进线采用该系统。TN–S 系统的特点是：中性线 N 与保护接地线 PE 除了在变压器中性点共同接地外，两线不再有任何的电气连接。中性线 N 是带电的，而 PE 线不带电。该接地系统完全具备安全和可靠的基准电位。只要像 TN–C–S 接地系统那样，采取同样的技术措施，TN–S 系统也可以用作智能建筑物的接地系统。如果计算机等电子设备没有特殊的要求，一般都采用这种接地系统。

4. TT 系统

通常称 TT 系统为三相四线系统，属保护接地。该系统常用于建筑物供电来自公共电网的地方。TT 系统的特点是：中性线 N 与保护接地线 PE 无一点电气连接，即中性点接地与 PE 线接地是分开的。该系统在正常运行时，不管三相负荷是否平衡，在中性线 N 带电情况下，PE 线不会带电。只有单相接地出现故障时，由于保护接地灵敏度低，故障不能及时切断，设备外壳才可能带电。正常运行时的 TT 系统类似于 TN–S 系统，也能获得人和物的安全性和取得合格的基准接地电位。随着大容量的漏电保护器的出现，该系统也会越来越多地作为智能型建筑物的接地系统。从目前的情况来看，因为公共电网的电源质量不高，难以满足智能化设备的要求，所以 TT 系统很少被智能化大楼采用。

5. IT 系统

IT 系统是三相三线式接地系统，该系统变压器中性点不接地或经阻抗接地，无中性线 N，只有线电压(380 V)，无相电压(220 V)，保护接地线 PE 各自独立接地。该系统的优点是当一相接地时不会使外壳带有较大的故障电流，系统可以照常运行；其缺点是不能配出中性线 N。因此，它不适用于拥有大量单相设备的智能化大楼。

2.7.3 智能建筑常见的错误接地方式

智能建筑常见的错误接地方式有以下四种：

(1) 采用 TN–C 系统，将 TN–C 系统中的 N 线同时用做接地线；

(2) 在 TN–S 系统中将 N 线与 PE 线接在一起，再连接到底板上去；

(3) 不设置电子设备的直流接地引线，而将直流接地直接接到 PE 线上；

(4) 把 N 线、PE 线、直流接地线混接在一起。

以上这些做法都是错误的，都不符合接地要求。前面已经分析过，在智能化大楼内，单相用电设备较多，单相负荷比重较大，三相负荷通常是不平衡的，因此，在中性线 N 中带有随机电流。另外，楼内大量采用荧光灯照明，其所产生的三次谐波叠加在 N 线上，加大了 N 线上的电流量，如果将 N 线接到设备外壳上，会造成电击或火灾事故；如果在 TN–S 系统中将 N 线与 PE 线连在一起再接到设备外壳上，那么危险更大，凡是接到 PE 线上的设备，外壳均带电，会扩大电击事故的范围；如果将 N 线、PE 线、直流接地线均接在一起，则除了会发生上述的危险以外，电子设备还将会受到干扰而无法正常工作。

2.7.4 智能建筑应考虑的接地方式

智能建筑应设置电子设备的直流接地、交流工作接地、安全保护接地，以及普通建筑也应具备的防雷保护接地。此外，因为智能建筑内大多设有具有防静电要求的程控交换机房，计算机房，火灾报警监控室以及大量易受电磁波干扰的精密电子仪器设备，所以在智能化楼宇的设计和施工中，还应考虑防静电接地和屏蔽接地的要求。下面简述智能化楼宇应采取的各种接地措施。

1. 防雷接地

为把雷电流迅速导入大地，以防止雷害为目的的接地称为防雷接地。智能化楼宇内有大量的电子设备与布线系统。如通信自动化系统、火灾报警及消防联动控制系统、楼宇自动化系统、保安监控系统、办公自动化系统、闭路电视系统以及它们之间相应的布线系统等。从已建成的大楼看，大楼的各层顶板、底板、侧墙、吊顶内几乎被各种线布满。这些电子设备及布线系统一般均属于耐压等级低、防干扰要求高、最怕受到雷击的部分。不管是直击、串击或反击都会使电子设备受到不同程度的损坏和严重干扰。因此，对智能化楼宇的防雷接地设计必须严密和可靠。智能化楼宇的所有功能接地，必须以防雷接地系统为基础，并建立严密、完整的防雷结构。

智能建筑多属于一级负荷，应按一级防雷建筑物的保护措施设计，接闪器采用针带组合接闪器，避雷带采用 25 mm×4 mm 镀锌扁钢在屋顶组成小于等于 10 m×10 m 的网格，该网格与屋面金属构件作电气连接，与大楼柱头钢筋作电气连接，引下线利用柱头中钢筋、圈梁钢筋、楼层钢筋与防雷系统连接。外墙面所有金属构件也应与防雷系统连接，柱头钢筋与接地体连接，组成具有多层屏蔽的笼形防雷体系。这样不但可以有效防止雷击损坏楼内设备，而且还能防止外来的电磁干扰。

各类防雷接地装置的工频接地电阻，一般应根据落雷时的反击条件来确定。防雷装置如果与电气设备的工作接地合用一个总的接地网，那么接地电阻应符合其最小值要求。

2. 交流工作接地

将电力系统中的某一点直接或经特殊设备(如阻抗，电阻等)与大地作金属连接，称为工作接地。工作接地主要指的是变压器中性点或中性线(N 线)接地。N 线必须用铜芯绝缘线。在配电中存在辅助等电位接线端子，等电位接线端子一般均在箱柜内。必须注意，该接线端子不能外露；不能与其他接地系统(如直流接地，屏蔽接地，防静电接地等)混接；也不能与 PE 线连接。在高压系统里，采用中性点接地方式可使接地继电保护准确动作并消除单相电弧接地的过电压。中性点接地可以防止零序电压偏移，保持三相电压基本平衡，这对于低压系统很有意义，可以方便使用单相电源。

3. 安全保护接地

安全保护接地就是将电气设备不带电的金属部分与接地体之间作良好的金属连接，即将大楼内的用电设备以及设备附近的一些金属构件用 PE 线连接起来，但严禁将 PE 线与 N 线连接。

在智能化楼宇内，要求安全保护接地的设备非常多。例如有些强电设备、弱电设备以及一些非带电导电设备与构件，均必须采取安全保护接地措施。当没有做安全保护接地的电气设备的绝缘层损坏时，其外壳有可能带电，如果人体触及此电气设备的外壳就可能被电击伤甚至造成生命危险。在中性点直接接地的电力系统中，接地短路电流经人体、大地流回中性点；在中性点非直接接地的电力系统中，接地电流经人体流入大地，并经线路对地电容构成通路，这两种情况都能造成人体触电。如果装有接地装置的电气设备的绝缘层损坏使外壳带电时，那么接地短路电流将同时沿着接地体和人体两条通路流过。

在一个并联电路中，通过每条支路的电流值与电阻的大小成反比。接地电阻越小，流经人体的电流越小。通常人体电阻要比接地电阻大数百倍，因而经过人体的电流要比流过接地体的电流小得多。当接地电阻极小时，流过人体的电流几乎等于零。

实际上，因为接地电阻很小，接地短路电流流过时所产生的压降很小，所以设备外壳对大地的电压并不高。人站在大地上去碰触设备的外壳时，人体所承受的电压很低，不会有危险。加装保护接地装置并且降低它的接地电阻，不仅是保障智能建筑电气系统安全、正常运行的有效措施，也是保障非智能建筑内设备及人身安全的必要手段。

4. 直流接地

在一幢智能化楼宇内往往包含有大量的计算机、通信设备和带有电脑的大楼自动化设备。这些电子设备在进行信息输入、信息传输、能量转换、信号放大、逻辑动作和信息输出等一系列过程中都是通过微电位或微电流快速进行的，且设备之间常要通过互联网络进行工作。因此，为了使其准确性高、稳定性好，除了需要有一个稳定的供电电源外，还必须具备一个稳定的基准电位。可采用较大截面的绝缘铜芯线作为引线，一端直接与基准电位连接，另一端供电子设备直流接地。该引线不宜与 PE 线连接，亦严禁与 N 线连接。

5. 屏蔽接地与防静电接地

在智能化楼宇内，电磁兼容设计是非常重要的。为了避免所用设备的机能障碍，避免可能会出现的设备损坏，构成布线系统的设备应当能够防止内部自身传导和外来干扰。这些干扰的产生或者是因为导线之间的耦合现象，或者是因为电容效应或电感效应。其主要来源是超高电压、大功率辐射电磁场、自然雷击和静电放电。这些现象会对用来发送或接收很高传输频率的设备产生很大的干扰。因此，对这些设备及其布线必须采取保护措施，使其免受来自各个方面的干扰。

屏蔽及其正确接地是防止电磁干扰的最佳保护方法。可将设备外壳与 PE 线连接；导线的屏蔽接地要求屏蔽管路两端与 PE 线可靠连接；室内屏蔽也应是多点与 PE 线可靠连接。

防静电干扰也很重要。在洁净、干燥的房间内，人的走步、设备移动等各种摩擦均会产生大量静电。例如在相对湿度 10%～20%的环境中人的走步可以积聚 3.5 万伏的静电电压。如果没有良好的接地，这种静电不仅会对电子设备产生干扰，甚至会将设备芯片击坏。将带静电的物体或有可能产生静电的物体(非绝缘体)通过导静电体与大地构成电气回路的接地方式称为防静电接地。防静电接地要求在洁净干燥的环境中，所有设备外壳及室内(包括地坪)设施均必须与 PE 线多点可靠连接。

总之，智能建筑的接地装置的接地电阻越小越好，独立的防雷保护接地电阻应小于等于 10 Ω；独立的安全保护接地电阻应小于等于 4 Ω；独立的交流工作接地电阻应小于等于 4 Ω；独立的直流工作接地电阻应小于等于 4 Ω；防静电接地电阻一般要求小于等于 100 Ω。

智能化楼宇的供电接地系统宜采用 TN–S 系统，按规范宜采用一个总的共同接地装置，即统一接地体。统一接地体为接地电位基准点，由此分别引出各种功能接地引线，利用总等电位和辅助等电位的方式组成一个完整的统一接地系统。通常情况下，统一接地系统可利用大楼的桩基钢筋，并用 40 mm×4 mm 镀锌扁钢将其连成一体作为自然接地体。根据规范，该系统与防雷接地系统共用，其接地电阻应小于等于 1 Ω。若达不到要求，必须增加人工接地体或采用化学降阻法，使接地电阻小于等于 1 Ω。在变配电室内设置总等电位铜排，该铜排一端通过构造柱或底板上的钢筋与统一接地体连接，另一端通过不同的连接端子分别与交流工作接地系统中的中性线连接、与需要做安全保护接地的各设备连接、与防雷系统连接，以及与需做直流接地的电子设备的绝缘铜芯接地线连接。

在智能大厦中，因为系统采用计算机参与管理或使用计算机作为工作工具，所以其接地系统宜采用单点接地，采取等电位措施。单点接地是指保护接地、工作接地、直流接地在设备上相互分开，各自成为独立的系统。可从机柜引出三个相互绝缘的接地端子，再由引线引到总等电位铜排上共同接地。不允许把三种接地线连接在一起，再用引线接到总等电位铜排上。实际上这是混合接地，这种接法既不安全又会产生干扰，现在的规范是不允许这样做的。

2.8 能源管理和控制系统(EMCS)

现在一幢高档智能大厦的经济效益就相当于一条街，楼宇经济中成本控制是关键。能源成本占据了整个运作费用的大部分(比总费用 1/3 还多)。优化的能源管理模式，为智能建筑系统运作过程节省运行费用、降低能耗指标提供了一个最直接的方法。智能建筑设施的机械/电力系统的有效性和可靠性，决定了为其用户提供舒适的条件和生产支持的成本和能力。

随着能源成本和劳动力成本的上升，最优化系统的选择、设计和架构的重要性也随着增加。因此，能源管理在智能建筑中有着不可忽视且越来越重要的作用。

2.8.1 EMCS 的工作过程

EMCS 需要用计算机编写一个便于操作且详尽明了的管理与控制程序，以便于在一个特殊的条件下使"局域环路"控制得到最大限度的使用。因此，它能比单独使用控制系统节省更多的能量。"局域环路"是把那些与单独采暖、通风和空调(HVAC)系统连接成关系相近的控制。

HVAC(Heating Ventilating&Air Conditioning)本身在配置大量办公自动化设备的智能建筑中是一个必须考虑的内容。因此，设计可扩展的 HVAC 系统是很重要的。随着办公室达到每人一个电脑终端的条件，每一个终端也将有约 1.2 个附加设备。这些附加设备一般是指打印机、复印机等等。这些终端设备产生的热量是坐着工作的人所产生热量的 1～1.5 倍。这样一个人员和终端的比例意味着智能建筑中人员空间配置的占有率至少应是常规建筑的两倍。

如今，办公室内部分割设计要求在形式上既要有开放的空间，又要有封闭的空间。因此，安装在不同位置上大量的 HVAC 系统应按照上述规则实行分区控制，以防止空间被锁住或开放在计划选择之外，这种灵活性是非常重要的。同样，在设计中应尽可能考虑到在某一个位置电气硬件的集成。这样有利于针对不同的要求，对某些局部的制冷量进行增强、调节。但如果设备布置在区域空间，那么所有的制冷设备都必须同步进行调节。而 EMCS 系统则能对不同的情况自行适应。

能源管理控制系统可以像一个时钟那么简单，也可以像配有精心设计的监测和控制硬件及软件的计算机系统那么复杂。智能建筑采用后者来管理能源。这种计算机系统当然还可以包括其他功能，例如维护时间表管理、火灾和烟雾控制、安全防护系统以及与此相关联的数据报告系统。

2.8.2　EMCS 的基本功能

能源管理和控制系统制造商所提供的众多功能中，最重要的是监测功能、编程功能、控制功能、图像功能、警报功能和记录功能。

1．监测功能

智能建筑中需要监控的内容包括：全部的温度、锅炉的运转、泵的状态参数、水仓(深井)泵的水位和关键部位的温度(如计算机房所需要的温度)等。

最优化的操作监测包括：室外空气的质量、外部和内部地域的温度、电力需求、水的初始温度和流量等。

2．编程功能

设备可以按预先设定的程序自动地开启或关闭。关键问题是具体确定什么时间停止以及要停多长时间，同时不影响智能建筑用户的使用或建筑设备的运转。总之，EMCS 要具备足够的传感器和完善的功能程序，例如开启系统时间的最优化功能，就可以提供这种时间循环和负荷需要控制。

3．控制功能

对于 EMCS 的实用性来说，局部环路的直接控制或调节至关重要。根据正常参数以外的扰动或干扰所产生的波动进行的调节可使系统回到最优化的效率状态。

扰动控制主要包括电机启/停以及局部环路控制器控制点的复位。

4．图像功能

图像功能包括对空气处理系统、泵循环处理系统、建筑轮廓、烟分区、火警分区、区域规划的图形描述和彩色图像的监视。另外，图像仿真演练系统不但可以帮助使用者了解系统，而且对训练新的操作者也特别有价值。

5．警报功能

网络的关键控制点应该和警报系统联系起来。大多数监控系统可以为每一个关键控制点方便地设置高限和低限警报界限。如果被测报警值超过了预先设定的警戒线，操作人员就会被告知要确认现场情况。这个功能通常包括火灾、烟雾和安防系统的报警。

6．记录功能

能够打印出系统相关变量数据和警报的持续记录是越来越多的 EMCS 的一个重要特征。打印机能按程序设定打印出在特定时间的特定变量值、警报发生的时间等等。长远地看，历史性数据及其分析对于提高系统运转效能是极为重要的。

2.8.3　EMCS 的经济效益

EMCS 可以调节整个建筑系统使其达到更高效、更精确的运作。例如加热和空气调整系统有许多用来采集环境参数变化的(如建筑的日照数据)传感器，根据所采集的参数依据程序进行自动调节。

EMCS 的功能是通过分析建筑使用的和环境需要的所有相互作用的因素从而改善或提高现有的或新系统的运行效率。EMCS 在保证适宜的建筑环境控制的同时保存了能量，节省了能源。因此说，EMCS 首要的好处是降低能源成本。EMCS 能够通过很多方法来实现低成本运作。例如通过以下几种方法均可提高经济效益：

(1) 节省能源。不断地控制设施，使之达到最佳化，实现系统的最高效率。

(2) 节省劳力。通过单一系统加强控制，使劳动力的生产效率得到提高。

(3) 减少维修。通过定期自动保养可以减少建筑设施故障和过度的耗损。

第 3 章　保安与消防自动化

通常所说的安全有两种含义：一是指自然属性的安全(Safety)，它主要指发生自然灾害(水、火、震等)和准自然灾害(如产品设计不合理，环境、卫生要求不合格等)所产生的对安全的破坏；二是有明显人为属性的安全(Security)，它主要指由于人的有目的的参与(如盗窃、抢劫、刑事犯罪等)或非故意而引起的对安全的破坏。

这里的安全防范行业主要是指狭义的安全：Security或说保安。"安全防范"是公安保卫系统的专门术语，是指以维护社会公共安全为目的，防入侵、防被盗、防破坏、防火、防爆和安全检查等措施。安防自动化是指以电子技术、传感器技术和计算机技术为基础，用各类安全防范器材设备构成的一个系统。一旦出现了入侵、盗窃等犯罪活动或火灾的情况，安全防范系统能及时发现，及时报警，电视监控系统能自动记录现场和过程，节省了大量人力、物力，从而提高效率，减少开支。

将防火、防入侵、防盗、防破坏、防爆和通信联络等各分系统进行联合设计，组成一个综合的、多功能的安防控制系统是安全防范技术工作的发展方向。

安防系统根据行业、部门的不同，有不同的侧重点。如机场强调防爆安检系统(炸药探测、金属武器探测、X射线安全检查、排爆)，银行强调实体防护系统(各种防盗门、柜、锁具，防弹运钞车，防护材料)等等。

本书只描述比较通用的保安自动化系统和消防自动化系统两部分。

保安自动化系统可分为三个层次：

(1) 外部入侵保护：此部分是预防外部无关人员侵入，需设置相应的周界、门窗、通道、出入口等的报警、复核等处置措施，防罪犯于区域之外。

(2) 区域保护：此道防线是探测非法入侵此区域者，把信息送往监控中心，中心作出处理。

(3) 目标保护：这道防线是对特定目标的保护，如保险柜或重要房间等。

保安自动化系统包括出入口控制、防盗报警、巡更管理和闭路监控等。消防自动化系统包括火灾的探测、报警与灭火系统。下面分别介绍各子系统的组成与功能。

3.1　出入口控制(门禁)

所谓的出入口控制就是对出入口的管理。该系统控制各类人员的出入以及他们在相关区域的行动，通常被称作门禁系统。其控制的原理是：按照人的活动范围，预先制作出各种层次的卡或预定密码。在相关的大门出入口、金库门、档案室门和电梯门等处安装磁卡识别器或密码键盘，用户持有效卡或输入密码方能通过和进入。由读卡机阅读卡片密码，经解码后送控制器判断。如身份符合，门锁被开启，否则自动报警。通过门禁系统，可有效控制人员的流动，并能对工作人员的出入情况作出及时的查询。目前门禁系统已成为现代化建筑智能化的标准配置之一。

出入口控制系统一般要与防盗(劫)报警系统、闭路电视监视系统和消防系统联动，才能有效地实现安全防范。

3.1.1　门禁系统的组成

门禁控制系统一般由出入口目标识别子系统、出入口信息管理子系统和出入口控制执行机构三部分组成，如图3.1所示。

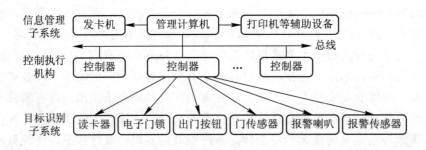

图　3.1

(1) 系统的前端设备为各种出入口目标的识别装置和门锁启闭装置。包括识别卡、读卡器、控制器、电磁锁、出门按钮、钥匙、指示灯和警号等。主要用来接受人员输入的信息，再转换成电信号送到控制器中。同时根据来自控制器的信号，完成开锁、闭锁、报警等工作。

(2) 控制器接收底层设备发来的相关信息，同自己存储的信息相比较以作出判断，然后再发出处理的信息。当然也接收控制主机发来的命令。单个控制器就可以组成一个简单的门禁系统来管理一个或多门。多个控制器通过通信网络同计算机连接起来就组成了可集中监控的门禁系统。

(3) 管理计算机(上位机)装有门禁系统的管理软件，它管理着系统中所有的控制器，向它们发送命令，对它们进行设置，接收其发来的信息，完成系统中所有信息的分析与处理。

(4) 整个系统的传输方式一般采用专线或网络传输。

(5) 出入口目标识别子系统可分为对人的识别和对物的识别。以对人的识别为例，可分为生物特征识别系统和编码识别系统两类。

● 生物特征识别(由目标自身特性决定)系统如指纹识别、掌纹识别、眼纹识别、面部特征识别、语音特征识别等。

● 编码识别(由目标自己记忆或携带)系统如普通编码键盘、乱序编码键盘、条码卡识别、磁条卡识别、接触式 IC 卡识别和非接触式 IC 卡识别等。

3.1.2　门禁系统的主要功能

门禁系统的主要功能如下：

(1) 管理各类进出人员并制作相应的通行证，设置各种进出权限。

　　(2) 凭有效的卡片、代码和特征，根据其进出权限允许进出或拒绝进出。属黑名单者将报警。

　　(3) 一般门内人员可用手动按钮开门。

　　(4) 特殊管理人员可使用钥匙开门。

　　(5) 在特殊情况下，由上位机指令门的开关。

　　(6) 门的状态及被控信息记录到上位机中，可方便地进行查询。

　　(7) 断电等意外情形下能自动开门。

　　(8) 对某时间段内人员的出入状况或某人的出入状况可实时统计、查询和打印。

　　(9) 可与考勤系统结合。通过设定班次和时间，系统可以对所有存储的记录进行考勤统计。如查询某人在某段时间内的上下班情况、正常上下班次数、迟到次数和早退次数等，从而进行有效的管理。

　　(10) 根据特殊需要，系统也可以外接密码键盘输入、报警信号输入以及继电器联动输入，可驱动声、光报警或启动摄像机等其他设备。

3.1.3　门禁系统的主要设备

1．识别卡

　　按照工作原理和使用方式等方面的不同，可将识别卡分为不同的类群。如接触式和非接触式、IC 和 ID、有源和无源。它们最终的目的都是作为电子钥匙被使用，只是在使用的方便性，系统识别的保密性等方面有所不同。

　　接触式是指必须将识别卡插入读卡器内或在槽中划一下，才能读到卡号，如 IC 卡、磁卡等。非接触式读卡器是指识别卡无需与读卡器接触，相隔一定的距离就可以读出识别卡内的数据。

　　磁卡是一种磁记录介质卡片，它由高强度、耐高温的塑料或纸质涂覆塑料制成，能防潮、耐磨且有一定的柔韧性，携带方便、使用较为稳定可靠。通常磁卡的一面印刷有说明提示性信息，如插卡方向；另一面则有磁层或磁条，具有两三个磁道以记录有关信息数据。

　　智能卡名称来源于英文名词"Smart card"，又称集成电路卡，即 IC 卡(Integrated Circuit card)。它将一个集成电路芯片镶嵌于塑料基片中，封装成卡的形式，其外形与覆盖磁条的磁卡相似。其优点为体积小、先进的集成电路芯片技术、保密性好、无法被仿造等。为了兼容，在 IC 卡上仍贴有磁条，因此，IC 卡也可同时作为磁卡使用。

　　IC 卡可分为接触型和非接触型(感应型)两种。

　　1) 接触型智能卡

　　接触型智能卡是由读/写设备的接触点与卡上的触点相接触而接通电路进行信息读/写的。接触式 IC 卡的正面中左侧的小方块中有 8 个触点，其下面为凸型字符，卡的表面还可印刷各种图案，甚至人像。卡的尺寸、触点的位置、用途及数据格式等均有相应的国际标准予以明确规定。

　　与磁卡相比，接触式 IC 卡除了存储容量大以外，还可以一卡多用，同时可靠性比磁卡高，寿命比磁卡长，读/写机构比磁卡读/写机构简单可靠，造价便宜，维护方便，容易推广。正由于以上优点，使得接触式 IC 卡市场遍布世界各地，风靡一时。

2) 非接触型智能卡

非接触型智能卡由 IC 芯片、感应天线组成，并完全密封在一个标准 PVC 卡片中，无外露部分。它分为两种，一种为近距离耦合式，卡必须插入机器缝隙内；另一种为远程耦合式。

非接触式 IC 卡的读/写，通常由非接触型 IC 卡与读卡器之间通过无线电波来完成。非接触型 IC 卡本身是无源体，当读卡器对卡进行读/写操作时，读卡器发出的信号由两部分叠加组成。一部分是电源信号，该信号由卡接收后，与其本身的 L/C 产生谐振，产生一个瞬间能量来供给芯片工作。另一部分则是结合数据信号，指挥芯片完成数据的修改、存储等，并返回给读卡器。

由于非接触式 IC 卡所形成的读/写系统，无论是硬件结构还是操作过程都得到了很大的简化。同时它借助于先进的管理软件进行脱机操作，使得数据读/写过程更为简单。

3) 非接触型 IC 卡的优越性和安全性

该卡的优越性和安全性体现在以下几个方面：

(1) 卡上无外露机械触点，不会导致污染、损伤、磨损、静电等，大大降低了读/写故障率。

(2) 不必进行卡的插拔，大大提高了每次使用的速度以及操作的便利性。

(3) 可以同时操作多张非接触式 IC 卡，提高了应用的并行性，无形中提高了系统工作速度。

(4) 因为完全密封，卡上无机械触点，所以既便于卡的印刷，又不易受外界不良因素的影响，提高了卡的使用寿命，且更加美观。

(5) 安全性高，无论在卡与读卡器之间进行无线频率通信时，还是卡内数据读/写时，都经过了复杂的数据加密和严格授权。

(6) 卡中的用户区可按用户要求，设置成若干个小区，每个小区都可分别设置密码。

正因为如此，非接触式 IC 卡非常适合于以前接触式 IC 卡无法或较难满足要求的一些应用场合，如公共电汽车自动售票系统等。这将 IC 卡的应用在广度和深度上大大推进了一步。

2. 读卡器

读卡器分为接触卡读卡器(磁条、IC)和感应卡(非接触)读卡器(依数据传输格式的不同，大抵可分为韦根、智慧等)等几大类，它们之间又有带密码键盘和不带密码键盘的区别。

读卡器设置在出入口处，通过它可将门禁卡的参数读入，并将所读取的参数经由控制器判断分析，准入则电锁打开，人员可自行通过；禁入则电锁不动作，并且立即报警作出相应的记录。

3. 写入器

写入器是对各类识别卡写入各种标志、代码和数据(如金额、防伪码)等。

4. 控制器

控制器是门禁系统的核心，它由一台微处理机和相应的外围电路组成。如将读卡器比作系统的眼睛，将电磁锁比作系统的手，那么控制器就是系统的大脑。由它来确定某一张卡是否为本系统已注册的有效卡，该卡是否符合所限定的授权，从而控制电锁是否打开。

由控制器和第三层设备可组成简单的单门式门禁系统。它与联网式门禁系统相比，少了统计、查询和考勤等功能，比较适合无须记录历史数据的场所。

5. 电锁

门禁系统所用电锁一般有三种类型：电阴锁、电磁锁和电插锁。视门的具体情况选择。电阴锁和电磁锁一般可用于木门和铁门，电插锁则用于玻璃门。电阴锁一般为通电开门，电磁锁和电插锁为通电锁门。

6. 管理计算机

门禁系统的微机通过专用的管理软件对系统所有的设备和数据进行管理，具体功能如下：

(1) 设备注册：比如在增加控制器或是卡片时，需要重新登记，以使其有效；在减少控制器或是卡片遗失、人员变动时使其失效。

(2) 级别设定：在已注册的卡片，哪些可以通过哪些门，哪些不可以通过。某个控制器可以让哪些卡片通过，不允许哪些通过。对于计算机的操作要设定密码，以控制哪些人可以操作。

(3) 时间管理：可以设定某些控制器在什么时间可以或不可以允许持卡人通过；哪些卡在什么时间可以或不可以通过哪些门等。

(4) 数据库的管理：对系统所记录的数据进行转存、备份、存档和读取等处理。系统正常运行时，对各种出入事件、异常事件及其处理方式进行记录，保存在数据库中，以备日后查询。

(5) 报表生成：能够根据要求定时或随机地生成各种报表。比如，可以查找某个人在某时间内的出入情况，某个门在某段时间内都有谁进出等，可以生成报表，并打印出来。进而组合出"考勤管理"、"巡更管理"和"会议室管理"等。

(6) 网间通信：系统不是作为一个单一的系统存在，它要向其他系统传送信息。比如在非法闯入时，要向电视监视系统发出信息，使摄像机能监视该处情况，并进行录像。所以要有系统之间通信的支持。

(7) 管理系统除了完成所要求的功能外，还应有漂亮、直观的人机界面，使人员便于操作。

3.1.4　门禁系统控制方式

门禁系统控制方式有以下三种：

第一种方式是在需要了解其通行状态的门上安装门磁开关(如办公室门、通道门、营业大厅门等)。当通行门开/关时，安装在门上的门磁开关会向系统控制中心发出该门开/关的状态信号。同时，系统控制中心将该门开/关的时间、状态、门地址记录在计算机硬盘中。另外也可以利用时间诱发程序命令，设定某一时间区间内(如上班时间)，被监视的门无需向系统管理中心报告其开关状态，而在其他的时间区间(如下班时间)，被监视的门开/关时需向系统管理中心报警，同时记录。

第二种方式是在需要监视和控制的门(如楼梯间通道门、防火门等)上，除了安装门磁开关以外，还要安装电动门锁。系统管理中心除了可以监视这些门的状态外，还可以直接控制这些门的开启和关闭。另外也可以利用时间诱发程序命令,设某通道门在一个时间区间(如上班时间)内处于开启状态,在其他时间(如下班时间以后),处于闭锁状态。或利用事件诱发程序命令,在发生火警时,联动防火门立即关闭。

第三种方式是在需要监视、控制和身份识别的门或有通道门的高保安区(如金库门、主要设备控制中心机房、计算机房和配电房等),除了安装门磁开关、电控锁之外,还要安装磁卡识别器或密码键盘等出入口控制装置,由中心控制室监控,采用计算机多任务处理,对各通道的位置、通行对象及通行时间等实时进行控制或设定程序控制,并将所有的活动用打印机或计算机记录,为管理人员提供系统所有运转的详细记录。如图 3.2 所示。

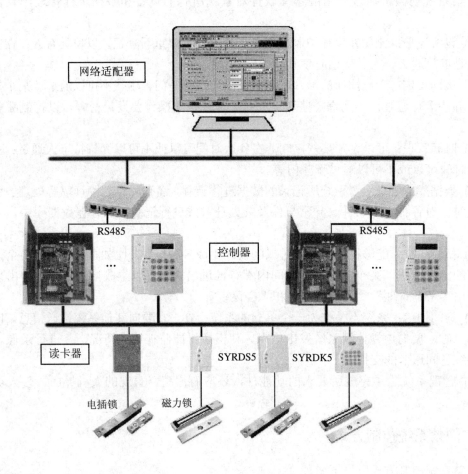

图 3.2

3.1.5 楼宇对讲系统

通过楼宇对讲系统,入口处的来访者可以直接或通过门卫与室内主人建立音、视频通信联络,主人可以与来访者通话,并通过声音或分机屏幕上的影像来辨认来访者。当来访者被确认后,主人可利用分机上的门锁控制键,打开电控门锁,允许来访者进入。该系统是一种被广泛用于公寓、住宅小区和办公楼的安全防范系统。楼宇对讲系统按功能可分为单对讲型和可视对讲型两种,基本设备如图 3.3 所示。

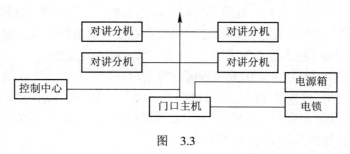

图　3.3

1．对讲分机

室内对讲分机用于住户与访客或管理中心人员的通话、观看来访者的影像及开门功能，同时也可监控门口情况。它由装有黑白或彩色显示屏、电子铃、电路板的机座及监视按钮、呼叫按钮和开门按钮等功能键和手机组成，由本系统的电源设备供电。分机具有双向对讲通话功能，影像管显像清晰，呼叫为电子铃声。可视分机通常安装在住户的起居室的墙壁上或住户房门后的侧墙上，与门口主机配合使用。

2．门口主机

门口主机用于实现来访者通过机上功能键与住户的对讲通话，并通过机上的摄像机提供来访者的影像。机内装有摄像机、扬声器、麦克风和电路板，机面设有多个功能键，由系统电源供电安装在单元楼门外的左侧墙上或特制的防护门上。门口主机分为直接按键式(每键对应一住户，容量少)和数字编码式(有数字 0～9，*，#共 12 键码组成)两种。

3．电源

楼宇对讲系统采用 220 V 交流电源供电，直流 12 V 输出。为了保证在停电时系统能够正常使用，应加入充电电池作为备用电源。

4．电锁

电控锁安装在入口门上，受控于住户和保安人员，平时锁闭。当确认来访者可进入后，通过主人室内对讲分机上的开门键来打开电锁，来访者便可进入。进入后门上的电锁自动锁闭。另外也可以通过钥匙、密码或门内的开门按钮打开电锁。

5．控制中心主机

在大多数楼宇可视对讲系统中都设有管理中心主机，它设在保安人员值班室，主机装有电路板、电子铃、功能键和手机(有的管理主机内附荧屏和扬声器)，并可外接摄像机和监视器。

物业管理中心的保安人员，可以与住户或来访者进行通话，并能观察到来访者的影像；管理中心主机可接收用户分机的报警，识别报警区域及记忆用户号码，监视来访者情况，并具有呼叫和开锁的功能。

3.2　防盗报警系统(入侵检测)

防盗报警系统就是用探测器对建筑物内外重点区域、重要地点布防，在探测到非法入侵者时，信号传输到报警主机，声光报警，显示地址。有关值班人员接到报警后，根据情况采取措施，以控制事态的发展。防盗报警系统除了上述报警功能外，尚有联动功能。例如开启报警现场灯光(含红外灯)、联动音视频矩阵控制器、开启报警现场摄像机进行监视，使监视器显示图像、录像机录像等等，这一切都可对报警现场的声音、图像等进行复核，从而确定报警的性质(非法入侵、火灾、故障等)，以采取有效措施。

防盗报警系统能对设防区域的非法入侵进行实时、可靠和正确无误的报警和复核。漏报警是绝对不允许的，误报警应降低到可以接受的限度。为预防抢劫(或人员受到威胁)，系统应设置紧急报警装置和留有与 110 接警中心联网的接口。同时该系统还提供安全、方便的设防(包括全布防和半布防)和撤防等功能。

3.2.1 基本组成

防盗报警系统的基本结构如图 3.4 所示。

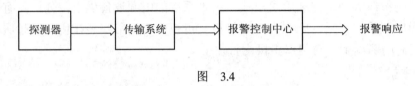

图 3.4

1. 报警控制中心

报警控制中心由信号处理器和报警装置等设备组成。处理传输系统传来的各类现场信息，若有情况，控制器就控制报警装置，发出声、光报警信号，引起值班人员的警觉，以采取相应的措施或直接向公安保卫部门发出报警信号。该设备通常设置在报警控制中心或保安人员工作的地方，保安人员可以通过该设备对保安区域内各位置的探测器的工作情况进行集中监视。该设备常与计算机相连，可随时监控各子系统的工作状态。

2. 传输系统

传输系统负责在探测器和报警控制中心之间传递信息(探测电信号)。传输信道常分为有线信道(如双绞线、电力线、电话线、电缆或光缆等)和无线信道(一般是调制后的微波)两类。

3. 探测器

探测器位于现场，它由传感器和前置信号处理电路两部分组成。根据不同的防范场所选用不同的信号传感器，如气压、温度、振动和幅度传感器等，来探测和预报各种危险情况。例如红外探测器中的红外传感器能探测出被测物体表面的热变化率，从而判断被测物体的运动情况而引起报警；振动电磁传感器能探测出物体的振动，把它固定在地面或保险柜上，就能探测出入侵者走动或撬挖保险柜的动作。

前置信号处理电路将传感器输出的电信号处理后变成信道中传输的电信号，此信号常称为探测电信号。

3.2.2 探测器分类

探测器通常按其传感器种类、工作方式和警戒范围来区分。

1. 按传感器种类分类

按传感器种类分类即按传感器探测的物理量来区分，通常有开关报警器，振动报警器，超声、次声波报警器，红外报警器，微波、激光报警器等等。

2．按工作方式来分类

(1) 被动探测报警器：在工作时无须向探测现场发出信号，而根据被测物体自身存在的能量进行检测。在接收传感器上平时输出一个稳定的信号，当出现情况时，稳定信号被破坏，经处理发出报警信号。

(2) 主动探测报警器：工作时，探测器要向探测现场发出某种形式的能量，经反向或直射在传感器上形成一个稳定信号。当出现危险情况时，稳定信号被破坏，信号处理后，产生报警信号。

3．按警戒范围分类

(1) 点探测报警器：警戒的仅是某一点，如门窗、柜台、保险柜，当这一监控点出现危险情况时，即发出报警信号。通常由微动开关方式或磁控开关方式进行报警控制。

(2) 线探测报警器：警戒的是一条线，当这条警戒线上出现危险情况时，发出报警信号。如光电报警器或激光报警器，先由光源或激光器发出一束光或激光，被接收器接收。当光和激光被遮挡时，报警器即发出报警信号。

(3) 面探测报警器：警戒范围为一个面，当警戒面上出现危害时，即发出报警信号。如振动报警器装在一面墙上，当墙面上任何一点受到振动时即发出报警信号。

(4) 空间探测报警器：警戒的范围是一个空间的任意处出现入侵危害时，即发出报警信号。如在微波多普勒报警器所警戒的空间内，入侵者从门窗、天花板或地板的任何一处入侵都会产生报警信号。

一般磁控开关和微动开关报警器常用作点控制报警器；主动红外、感应式报警器常用作线控制报警器；振动式、感应式报警器常用作面控制报警器；而声控和声发射式、超声波、红外线、视频运动式、感温和感烟式报警常用作空间防范控制报警器。

4．按报警器材用途分类

按报警器材用途不同分为防盗防破坏报警器、防火报警器和防爆炸报警器等。

5．按探测电信号传输信道分类

按探测电信号传输信道的不同分为有线报警器和无线报警器。

3.2.3　几种常用的探测报警器

1．微波探测器

微波探测器是利用微波能量的辐射及探测技术构成的报警器，按工作原理的不同又可分为微波移动报警器和微波阻挡报警器两种。

1) 微波移动报警器(多普勒式微波报警器)

微波移动报警器一般由探头和控制器两部分组成，探头安装在警戒区域，控制器设在值班室。探头中的微波振荡源产生一个固定频率为 $f_0 = 300 \sim 300\,000$ MHz 的连续发射信号，其小部分送到混频器，大部分能量通过天线向警戒空间辐射。当遇到运动目标时，反射波频率变为 $f_0 \pm f_d$，通过接收天线送入混频器产生差频信号 f_d，经放大处理后再传输至控制器。此差频信号也称为报警信号，它触发控制电路报警或显示。这种报警器对静止目标不产生反应，没有报警信号输出，一般用于监控室内的目标报警。

2) 微波阻挡报警器

这种报警器由微波发射机、微波接收机和信号处理器组成。使用时将发射天线和接收天线相对放置在监控场地的两端，发射天线发射微波束直接送达接收天线。当没有运动目标阻挡微波波束时，微波能量被接收天线接收，发出正常工作信号；当有运动目标阻挡微波波束时，接收天线接收到的微波能量将减弱或消失，此时产生报警信号。

2. 红外线报警器

红外线报警器是利用红外线的辐射和接收技术构成的报警装置，分为主动式和被动式两种类型。

1) 主动式红外报警器

主动式红外报警器是由收、发装置两部分组成。发射装置向装在几米甚至几百米远的接收装置辐射一束红外线，当被遮断时，接收装置即发出报警信号，因此它也是阻挡式报警器，或称对射式报警器。当有人横跨过监控防护区时，遮断不可见的红外线光束而引发报警，常用于室外围墙报警。红外对射探头要选择合适的响应时间：太短容易误报，如小鸟飞过，小动物穿过等，甚至刮风即可引起报警；太长则会漏报。通常以 10 m/s 的速度来确定最短遮光时间。如若人的宽度为 20 cm，则最短遮断时间为 20 ms。大于 20 ms 报警，小于 20 ms 不报警。

主动式红外报警器有较远的传输距离，因红外线属于非可见光源，入侵者难以发觉与躲避，防御界线非常明确。尤其在室内应用时，简单可靠，应用广泛，但因暴露于外面，易被损坏或被入侵者故意移位或逃避。

2) 被动式红外报警器

被动式红外报警器不向空间辐射能量，而是依靠接收人体发出的红外辐射来进行报警。任何物体因表面热度的不同，都会辐射出强弱不等的红外线。因物体的不同，其所辐射之红外线波长也有差异。红外探测主要用来探测人体和其他一些入侵的移动物体。当人体进入探测区域，稳定不变的热辐射被破坏，产生一个变化的热辐射，红外传感器接收后放大、处理，发出报警信号。由于暖气、空调等电器影响，红外传感器容易产生误报。

被动式红外报警器有它独特的优点：

(1) 由于它是被动的，不主动发射红外线，因此其功耗极小，尤为适合一些要求低功耗的场合。

(2) 与微波报警器相比，红外波长不能穿越砖头水泥等一般建筑物，在室内使用时，不会由于室外的运动目标造成误报。

(3) 在较大面积的室内安装多个被动式红外报警器时，因为它是被动的，所以不会产生系统互扰问题。

(4) 其工作不受噪声与声音的影响，声音不会使它产生误报。

3. 超声波报警器

超声波报警器的工作方式与上述微波报警器类似，只是使用的是 25～40 kHz 的超声波，而不是微波。当入侵者在探测区内移动时，超声反射波会产生大约 ±100 Hz 的频移，接收机检测出发射波与反射波之间的频率差异后，即发出报警信号。该报警器容易受到振动和气流的影响。

4．双鉴探测器

各种报警器各有优缺点，前面提到的微波、红外、超声波三种单技术报警器因环境干扰及其他因素容易引起误报警的情况。为了减少误报，把两种不同探测原理的探测器结合起来，组成双技术的组合报警器，即双鉴报警器。双技术的组合必须符合以下条件。

(1) 组合中的两个探头(探测器)有不同的误报机理，而两个探头对目标的探测灵敏度又必须相同。

(2) 上述原则不能满足时，应选择对警戒环境产生误报率最低的两种类型的探测器。如果两种探测器对外界环境的误报率都很高，当两者结合成双鉴探测器时，不会显著降低误报率。

(3) 选择的探测器应对外界经常或连续发生的干扰不敏感。

如微波与被动式红外复合的探测器，它将微波和红外探测技术集中运用在一体。在控制范围内，只有两种报警技术的探测器都产生报警信号时，才输出报警信号。它既能保持微波探测器可靠性强、与热源无关的优点，又有被动式红外探测器无需照明和亮度要求的优点，可昼夜运行，大大降低了探测器的误报率。这种复合型报警探测器的误报率则是微波报警器误报率的几百分之一。又如利用声音和振动技术的复合型双鉴式玻璃报警器，探测器只有在同时感受到玻璃振动和破碎时的高频声音，才发生报警信号，从而大大减弱了因窗户的振动而引起的误报，提高了报警的准确性。

5．门磁开关

门磁开关是一种广泛使用，成本低，安装方便，而且不需要调整和维修的探测器。门磁开关分为可移动部件和输出部件。可移动部件安装在活动的门窗上，输出部件安装在相应的门窗上，两者安装距离不超过 10 mm。输出部件上有两条线，正常状态为常闭输出，门窗开启超过 10 mm，输出转换成为常开。当有人破坏单元的大门或窗户时，门磁开关会立即将这些动作信号传输给报警控制器进行报警。

6．玻璃破碎感知器

玻璃破碎感知器利用压电式微音器，装于面对玻璃的位置，由于只对高频的玻璃破碎声音进行有效的检测，因此，不会受到玻璃本身的振动而引起反应。该感知器主要用于周界防护，安装在单元窗户和玻璃门附近的墙上或天花板上。当窗户或阳台门的玻璃被打破时，玻璃破碎探测器探测到玻璃破碎的声音后即将探测到的信号传给报警控制器进行报警。

7．紧急呼救按钮

紧急呼救按钮主要安装在人员流动比较多的位置，以便在遇到意外情况时，用手或脚按下紧急呼救按钮向保安部门或其他人进行紧急呼救报警。

8．报警扬声器(警号)和警铃

报警扬声器和警铃安装在易于被听到的位置。在探测器探测到意外情况并发出报警时，报警探测器能通过报警扬声器和警铃来发出高分贝的报警声。

9．报警指示灯

报警指标灯主要安装在单元住户大门外的墙上。当报警发生时，便于前来救援的保安人员通过报警指示灯的闪烁迅速找到报警用户。

3.2.4 警报接收与处理主机

警报接收与处理主机也称为防盗主机。它是报警探头的中枢，负责接收报警信号，控制延迟时间，驱动报警输出等工作。它将某区域内的所有防盗防侵入传感器组合在一起，形成一个防盗管区，一旦发生报警，则在防盗主机上可以一目了然地反映出报警所在。

报警主机有分线制和总线制之分。所谓分线制，即各报警点至报警中心回路都有单独的报警信号线，报警探头一般可直接接在回路终端(为保证信号匹配，一般还需接入 2.2 kΩ 的匹配电阻)；而总线制则是所有报警探头都分别通过总线编址器"挂"在系统总线上再传至报警主机。由于警号回路电压一般都很低，所以分线制传输距离受到一定限制，而且当报警探头较多时线缆敷设较多，所以分线制一般只在小型近距离系统中使用。相比之下总线制虽然需要在前端增加总线编码器等设备(现在市面上已有将探头和编码器做在一起的总线探头出售)，但用线却相对很节省且传输距离可以长得多，在中大型系统中经常使用。另外，近来有些报警主机上既提供分线制接头也提供总线制接头，用户只需选配相应模块即可得到相应的扩充。

优越的系统更可显示出警报来源是该区域内的哪一个报警传感器及所在位置，以方便采取相应的接警对策。现代的防盗主机都采用微处理器控制，内有只读存储器和数码显示装置，普遍能够编程并有较高的智能，主要表现为：

(1) 以声光方式显示报警，可以人工或延时方式解除报警。

(2) 对所连接的防盗防侵入传感器，可按照实际需要设置成布防状态或者撤防状态，可以用程序来编写控制方式及防护性能。

(3) 可接多组密码键盘，可设置多个用户密码，保密防窃。

(4) 遇到有警报时，其报警信号可以经由通信线路，以自动或人工干预方式向上级部门或保安公司转发，快速沟通信息或者组网。

(5) 可以程序设置报警连动动作。即遇有报警时，防盗主机的编程输出端可通过继电器触点闭合执行相应的动作。

(6) 电话拨号器同警号、警灯一样，都是报警输出设备。不同的是警灯、警号输出的是声音和光，电话拨号器是通过电话线把事先录制好的声音信息传输给某个人或某个单位。

(7) 高档防盗主机有与闭路电视监控摄像的连动装置，一旦在系统内发生警报，则该警报区域的摄像机图像将立即显示在中央控制室内，并且能将报警时刻、报警图像、摄像机号码等信息实时地加以记录，若是与计算机连机的系统，还能以报警信息数据库的形式储存，以便快速地检索与分析。

3.3　电子巡更系统

随着现代技术的高速发展，智能建筑的巡更管理已经从传统的人工方式向电子化、自动化方式转变。电子巡更系统作为人防和技防相结合的一个重要手段，目前被广泛采用。电子巡更系统有两种数据采集方式。

1. 离线式

离线式是一种被普遍采用的电子巡更方式。这种电子巡更系统由带信息传输接口的手持式巡更器(数据采集器)、金属存储芯片—信息纽扣(预定巡更点)组成，按照宾馆、厂矿企业和住宅小区等场所的巡更管理要求而开发的。本系统的使用可提高巡更的管理效率及有效性，能更加合理充分地分配保安力量。通过转换器，可将巡更信息输入电脑，管理人员在电脑上能快速查阅巡更记录，大大降低了保安人员的工作量，并真正实现了保安人员的自我约束，自我管理。将巡更系统与楼宇对讲、周边防盗、电视监控系统结合使用，可互为补充，全面提高安防系统的综合性能并使整个安防系统更合理、有效、经济。

系统由数据采集器、数据变送器、信息纽扣及管理软件组成。数据采集器采用压模金属，十分坚固、耐用，能保证内部电子设备免受冲击或意外损伤；采集器具有内存储器，可以一次性存储大量巡更记录，内置时钟能准确记录每次作业的时间。数据变送器与电脑进行串口通信，信息纽扣内设随机产生终身不可更改的惟一编码，并具有防水、防腐蚀功能，因此它能适用于室外恶劣环境。

为此，系统特别开发的管理软件具有巡更人员、巡更点登录、随时读取数据、记录数据(包括存盘打印查询)和修改设置等功能。一个或几个巡更人员共用一个信息采集器，每个巡更点安装一个信息纽扣，巡更人员只须携带轻便的信息采集器到各个指定的巡更点，采集巡更信息。操作完毕，管理人员只需在主控室将信息采集器中记录的信息通过数据变送器传送到管理软件中，即可查阅、打印各巡更人员的工作情况。

由于信息纽扣体积小，重量轻，安装方便，并且采用不锈钢封装，因此，可以适用于较恶劣的室外环境。因为此套系统为无线式，所以巡更点与管理电脑之间无距离限制，应用场所相当灵活。

2. 在线式

各巡更点安装控制器，通过有线或无线方式与中央控制主机联网，有相应的读入设备，保安人员用接触式或非接触式卡把自己的信息输入控制器送到控制主机。相对于离线式，在线式巡更要考虑布线或其他相关设备，因此，投资较大，一般在需要较大范围的巡更场合较少使用。不过在线式有一个优点是离线式所无法取代的，那就是它的实时性好，比如当巡更人员没有在指定的时间到达某个巡更点时，中央管理人员或计算机能立刻警觉并作出相应反应，适合对实时性要求较高的场合。另外，离线式也常嵌入到门禁、楼宇对讲等系统中，利用已有的布线体系，节省投资。

3.4　闭路电视监控系统

闭路电视监控系统是电视技术在安全防范领域的应用。它使管理人员在控制室便能看到大厦内外重要地点的情况，给保安系统提供了视觉效果，为消防、楼内各机电设备的运行及人员活动提供了实时监视和事后查询等功能。

3.4.1　基本组成

一般来说，基本的闭路电视监控系统依功能结构可分为摄像、传输、控制和显示与记录四部分，如图 3.5 所示。

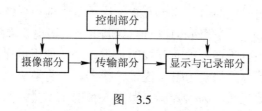

图　3.5

1．摄像部分

摄像部分一般安装在现场，它的作用是对监视区域进行摄像并把系统所监视目标的光、声信号变成电信号，然后送入系统的传输分配部分。

摄像部分的核心设备是摄像机，它是光电信号转换的主体设备。而摄像机在使用时必须根据现场的实际情况来选择合适的镜头，才能将被摄目标成像在摄像机的图像传感器靶面上。另外，相关辅助设备有灯、支架和护罩等。摄像机防护罩可以对摄像机、镜头、控制电路及附件在恶劣的环境下实行长期的有效保护，大大延长了维护间隔的时间。

2．传输部分

目前国内闭路监控的视频传输一般采用同轴电缆作介质，但同轴电缆的传输距离有限，随着技术的不断发展，新型传输系统也日趋成熟，如光纤传输、射频传输、电话线传输等。

1) 同轴电缆传输

在闭路监控系统中，同轴电缆是传输视频图像最常用的媒介。同轴电缆截面的圆心为导体，外用聚乙烯同心圆状绝缘体覆盖，再外面是金属编织物的屏蔽层，最外层为聚乙烯封皮。同轴电缆对外界电磁波和静电场具有屏蔽作用，导体截面积越大，传输损耗越小，可以将视频信号传送更长的距离。

摄像机输出通过同轴电缆直接传输至监视器，若要保证能够清晰地加以显示，则同轴电缆的长度有限制。如果要传得更远，一种方法是改用截面积更大的同轴电缆类型，另一种方法是加入视频放大器，通过补偿视频信号中容易衰减的高频部分使经过长距离传输的视频信号仍能保持一定的强度，以此来增长传输距离。此外，所有电缆均应是阻抗为 75 Ω 的纯铜芯电缆，绝对不可用镀铜或铝芯电缆。采用同轴电缆传送视频信号时，由于存在不平衡电源线负载等因素会导致各点之间存在地电位差，其电压峰－峰幅值在 0～10 V。为此应采用被动式接地隔离变压器(GROUND ISOLATION TRANSFORMER)，它可放置在同轴电缆中存在地电位差的任何一处，并可放置多个，用它可以消除存在地电位差带来的问题，并有效地降低 50 Hz 频率的共模电压。

2) 光纤视频传输

光纤是能使光以最小的衰减从一端传到另一端的透明玻璃或塑料纤维，光纤的最大特性是抗电子噪声干扰，通信距离远。

光纤有多模光纤和单模光纤之分。单模光纤只有单一的传播路径，一般用于长距离传输，多模光纤有多种传播路径，多模光纤的带宽为 50～500 MHz/km，单模光纤的带宽为 2000 MHz/km，光纤波长有 850 nm，1310 nm 和 1550 nm 等。850 nm 波长区为多模光纤通信方式；1550 nm 波长区为单模光纤通信方式；1310 nm 波长区有多模和单模两种。

光纤尺寸按纤维直径划分有 50 μm 缓变型多模光纤、62.5 μm 缓变增强型多模光纤和

8.3 μm 突变型单模光纤，光纤的包层直径均为 125 μm，故有 62.5/125 μm、50/125 μm、9/125 μm 等不同种类。

由光纤集合而成的光缆，室外松管型为多芯光缆，室内紧包缓冲型有单缆和双缆之分。

3) 射频传输

在布线有限制的情况下，近距离的无线传输是最方便的。无线视频传输由发射机和接收机组成，每对发射机和接收机有相同的频率，可以传输彩色和黑白视频信号，并可以有声音通道。无线传输的设备体积小巧，重量轻，一般采用直流供电。另外，由于无线传输具有一定的穿透性，不需要布视频电缆等特点，因此也常用于电视监控系统(一般常用于公安、铁路、医院等场所)。

值得注意的是，现在常用的无线传输设备采用 2400 MHz 频率，传输范围有限，一般只能传输 200～300 m。而大功率设备又有可能干扰正常的无线电通信，受到限制，在这里就不再赘述了。

4) 电话线传输

另一种长距离传输视频的方法是利用现有的电话线路。由于近几年电话的安装和普及，电话线路分布到各个地区，构成了现成的传输网络。电话线传输系统就是利用现有的网络，在发送端加一个发射机，在监控端加一个接收机，不需要电脑，通过调制解调器与电话线相连，这样就构成了一个传输系统。

由于电话线路带宽限制和视频图像数据量大的矛盾，因此，传输到终端的图像都不连续，而且分辨率越高，帧与帧之间的间隔就越长；反之，如果想取得相对连续的图像，就必须以牺牲清晰度为代价。

3. 控制部分

系统通过控制部分可在中心机房通过有关设备对系统的摄像和传输分配部分的设备进行远距离遥控。主要设备有电动云台、云台控制器和多功能控制器等。

1) 电动云台

云台是用于固定摄像机的设备，电动云台则能在云台控制器的控制下的一定范围内作水平的或全方位的旋转，以使摄像机能在大范围内对现场进行监视。

2) 云台控制器

云台控制器与电动云台配合使用。其作用是输出控制电压至云台，驱动云台电动机转动，从而完成旋转动作。

3) 多功能控制器

多功能控制器主要完成对电动云台、变焦距镜头、防护罩的雨刷及射灯等受控设备的控制。一般装在中心机房、调度室或某些监视点上。一台多功能控制器按其型号的不同，控制摄像机的数量也不等。

控制信号的传输方式包括以下几种：

(1) 直接控制：控制中心直接把控制量(如云台和变焦距镜头的电源电流等)送入被控设备。特点是简单、直观、容易实现。在现场设备比较少，主机为手动控制时适用。但在被控的云台、镜头数量很多时，因为控制线缆数量多，线路复杂，所以在大系统中基本不被采用。

(2) 多线编码的间接控制：控制中心把控制的命令编成二进制或其他方式的并行码，由多线传送到现场的控制设备，再由它转换成控制量来对现场摄像设备进行控制。这种方式比上一种方式用线少，在近距离控制时也常采用。

(3) 通信编码的间接控制：随着微处理器和各种集成电路芯片的普及，目前规模较大的电视监控系统大都采用通信编码，常用的是串行编码。它的优点是：用单根线路可以传送多路控制信号，从而大大节约了线路费用，通信距离在不加中间处理情况下达可达 1 km 以上，加处理可传 10 km 以上。这样就克服了前面两种方式的缺陷。

(4) 除了以上方法外，还有一种控制信号和视频信号复用一条电缆的同轴视控传输方式。这种方式不需另敷设控制电缆。它的实现方法有两种：一种是频率分割，即把控制信号调制在与视频信号不同的频繁范围内，然后同视频信号一起传送，到现场后再把它们分解开；另一种方法是利用视频信号场消隐期间传送控制信号。这种方法在短距离传送时明显比其他方法要好，但设备的价格相对也比较昂贵。

4. 显示与记录部分

系统传输的图像信号可依靠相关设备进行切换、记录、重放、加工和复制等图像处理功能。摄像机拍摄的图像则由监视器重现出来。主要设备有视频切换器、画面分割器、录像机和监视器等。

1) 视频切换器

视频切换器是闭路电视监控系统的常用设备，其功能是从多路视频输入信号中选出一路或几路送往监视器或录像机进行显示或录像。

2) 画面分割器

在闭路电视监控系统中，画面分割器可对多个摄像机送来的视频信号进行组合，重新形成一路视频信号送往监视器，使得在一个监视器屏幕上可同时显示多个小的画面，其中每一个小画面对应着一路摄像机的输入。也可用录像机对画面分割器输出的视频信号进行录像，放像时可全屏显示、单独调出显示或按摄像机的顺序显示。

3) 监视器

监视器用于显示摄像机传来的图像信息，在闭路电视监控系统中占有重要的地位。

4) 录像机

录像机对监视现场的部分或全部画面进行实时录像，以便为事后查证提供证据。

3.4.2　主要设备

闭路电视监控系统的主要设备有摄像机、镜头、云台、防护罩、云台镜头控制器、画面处理器、视频放大器、视频运动检测器、监视器和录像机等 10 种。

1. 摄像机

在闭路监控系统中，摄像机又称摄像头或 CCD(Charge Coupled Device)即电荷耦合器件。严格来说，摄像机是摄像头和镜头的总称。而实际上，摄像头与镜头大部分是分开购买的，用户根据目标物体的大小和摄像头与物体的距离，通过计算得到镜头的焦距，因此，每个用户需要的镜头都是依据实际情况而确定的。

摄像头的主要传感部件是 CCD，它具有灵敏度高、畸变小、寿命长、抗震动、抗磁场、体积小和无残影等特点，CCD 能够将光线变为电荷并可将电荷储存及转移，也可将储存的电荷取出使电压发生变化，因此 CCD 是理想的摄象元件。它是代替摄像管传感器的新型器件。

CCD 的工作原理是：被摄物体反射光线，传播到镜头，经镜头聚焦到 CCD 芯片上，CCD 根据光的强弱积聚相应的电荷，经周期性放电，产生表示一幅幅画面的电信号，经过滤波、放大处理，通过摄像头的输出端子输出一个标准的复合视频信号。这个标准的视频信号同家用的录像机、VCD 机和家用摄像机的视频输出是一样的，因此也可以录像或接到电视机上观看。

1) CCD 摄像机的选择和分类

CCD 芯片就像人的视网膜，是摄像头的核心。市场上大部分摄像头采用的是日本SONY、SHARP、松下和 LG 等公司生产的芯片。因为芯片生产时产生不同等级，各厂家获得途径不同，所以造成 CCD 采集效果也大不相同。在购买时，可以采取如下方法检测：接通电源，连接视频电缆到监视器，关闭镜头光圈，看图像全黑时是否有亮点，屏幕上雪花大不大，这些是检测 CCD 芯片最简单直接的方法，而且不需要其他专用仪器。然后可以打开光圈，看一个静物，如果是彩色摄像头，最好摄取一个色彩鲜艳的物体，查看监视器上的图像是否偏色，扭曲，色彩或灰度是否平滑。

好的 CCD 可以很好的还原景物的色彩，使物体看起来清晰自然；而残次品的图像就会有偏色现象，即使面对一张白纸，图像也会显示蓝色或红色。个别 CCD 由于生产车间的灰尘，CCD 靶面上会有杂质，在一般情况下，杂质不会影响图像，但在弱光或显微摄像时，细小的灰尘也会造成不良的后果，如果用于此类工作，一定要仔细挑选。

CCD 分类一般有以下几类。

(1) 按成像色彩划分为彩色摄像机和黑白摄像机。

● 彩色摄像机：适用于景物细部辨别，如辨别衣着或景物的颜色。

● 黑白摄像机：适用于光线不充足地区及夜间无照明设备的地区，在仅监视景物的位置或移动时，可选用黑白摄像机。

(2) 依分辨率灵敏度等划分为一般型和高分辨率型。

● 影像像素在 38 万以下的为一般型，其中尤以 25 万像素(512×492)、分辨率为 400 线的产品最普遍。

● 影像像素在 38 万以上的高分辨率型。

(3) 按 CCD 靶面大小划分，CCD 芯片已经开发出多种尺寸，如图 3.6 所示。

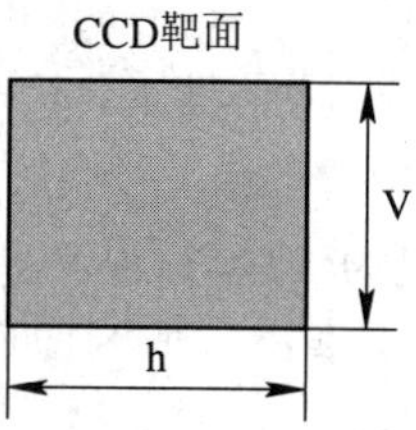

芯片规格CCD	尺寸(mm)	对角线(mm)
1"	12.7×9.6	16
2/3"	8.8×6.6	11
1/2"	6.4×4.8	8
1/3"	4.8×3.6	6
1/4"	3.2×2.4	4

图　3.6

目前采用的芯片大多数为 1/3 英寸和 1/4 英寸。在购买摄像头时,特别是对摄像角度有比较严格要求的时候,CCD 靶面的大小,CCD 与镜头的配合情况将直接影响视场角的大小和图像的清晰度。

(4) 按扫描制式划分为 PAL 制和 NTSC 制。中国采用隔行扫描(PAL)制式(黑白为 CCIR),标准为 625 行,50 场,只有医疗或其他专业领域才用到一些非标准制式。另外,日本为 NTSC 制式,525 行,60 场(黑白为 EIA)。

(5) 依供电电源划分为交流电 110 V(NTSC 制式多属此类)、220 V 和 24 V 以及直流电 12 V 和 9 V(微型摄像机多属此类)。

(6) 按同步方式划分为如下五种。

● 内同步:用摄像机内同步信号发生电路产生的同步信号来完成操作。

● 外同步:使用一个外同步信号发生器,将同步信号送入摄像机的外同步输入端。

● 功率同步(线性锁定,line lock):用摄像机 AC 电源完成垂直推动同步。

● 外 VD 同步:将摄像机信号电缆上的 VD 同步脉冲输入完成外 VD 同步。

● 多台摄像机外同步:对多台摄像机固定外同步,使每一台摄像机可以在同样的条件下作业,因各摄像机同步,这样即使其中一台摄像机转换到其他景物,同步摄像机的画面也不会失真。

(7) 按照度划分,CCD 又分为如下四种。

● 普通型:正常工作所需照度 1～3 lux。

● 月光型:正常工作所需照度 0.1 lux 左右。

● 星光型:正常工作所需照度 0.01 lux 以下。

● 红外型:采用红外灯照明,在没有光线的情况下也可以成像。

(8) 按外观形状分为枪式、半球、全球及针孔型等。

2) CCD 彩色摄像机的主要技术指标

(1) CCD 尺寸,亦即摄像机靶面。原多为 1/2 英寸,现在 1/3 英寸和 1/4 英寸也已普及。

(2) CCD 像素是 CCD 的主要性能指标,它决定了显示图像的清晰程度。分辨率越高,图像细节的表现越好。CCD 是由面阵感光元素组成的,每一个元素称为像素,像素越多,图像越清晰。38 万像素以上者为高清晰度摄像机。

(3) 水平分辨率。彩色摄像机的典型分辨率是在 330～500 电视线之间,主要有 330 线、380 线、420 线、460 线、500 线等不同档次。分辨率是用电视线(简称线,TV LINES)来表示的,彩色摄像头的分辨率在 330～600 线之间。

(4) 最小照度,也称为灵敏度。它是 CCD 对环境光线的敏感程度,或者说是 CCD 正常成像时所需要的最暗光线。照度的单位是勒克斯(lux),数值越小,表示需要的光线越少,摄像头也越灵敏。月光级和星光级等高敏感度摄像机可工作在很暗条件下,1～3 lux 属一般照度。

(5) 摄像机电源。交流电有 220 V、110 V、24 V,直流电为 12 V 或 9 V。

(6) 信噪比。典型值为 46 dB,若为 50 dB,则图像有少量噪声,但图像质量良好;若为 60 dB,则图像质量优良,不出现噪声。

(7) 视频输出。多为 1 V_{p-p}、75 Ω,均采用 BNC 接头。

(8) 镜头安装方式。有 C 和 CS 方式,二者间不同之处在于感光距离的不同。

3) CCD 彩色摄像机的可调整功能

(1) 单台摄像机和多摄像系统同步方式的选择。

● 对单台摄像机而言，主要的同步方式有下列三种：

☆ 内同步——利用摄像机内部的晶体振荡电路产生同步信号来完成操作。

☆ 外同步——利用一个外同步信号发生器产生的同步信号送到摄像机的外同步输入端来实现同步。

☆ 电源同步——也称之为线性锁定或行锁定，是利用摄像机的交流电源来完成垂直推动同步，即摄像机和电源零线同步。

● 对于多摄像机系统，希望所有的视频输入信号是垂直同步的，这样在变换摄像机输出时，不会造成画面失真，但是由于多摄像机系统中的各台摄像机供电可能取自三相电源中的不同相位，甚至整个系统与交流电源不同步，此时可采取的措施有：

☆ 均采用同一个外同步信号发生器产生的同步信号送入各台摄像机的外同步输入端来调节同步。

☆ 调节各台摄像机的"相位调节"电位器，因摄像机在出厂时，其垂直同步是与交流电的上升沿正过零点同相的，故使用相位延迟电路可使每台摄像机有不同的相移，从而获得合适的垂直同步，相位调整范围为 0°～360°。

(2) 自动增益控制。所有摄像机都有一个将来自 CCD 的信号放大到可以使用水准的视频放大器，其放大量即增益，等效于有较高的灵敏度，可使其在微光下灵敏，然而在亮光照的环境中放大器将过载，使视频信号畸变。为此，需利用摄像机的自动增益控制(AGC)电路去探测视频信号的电平，适时地开关 AGC，从而使摄像机能够在较大的光照范围内工作，此即动态范围，即在低照度时自动增加摄像机的灵敏度，从而提高图像信号的强度以获得清晰的图像。

(3) 背景光补偿。通常，摄像机的 AGC 工作点是通过对整个视场的内容作平均来确定的，但如果视场中包含一个很亮的背景区域和一个很暗的前景目标，则此时确定的 AGC 工作点有可能对于前景目标是不够合适的，背景光补偿有可能改善前景目标显示状况。当背景光补偿为开启时，摄像机仅对整个视场的一个子区域求平均来确定其 AGC 的工作点，此时，如果前景目标位于该子区域内，那么前景目标的可视性有望改善。

(4) 电子快门。在 CCD 摄像机内，它是用光学电控影像表面的电荷积累时间来操纵快门的。电子快门控制摄像机 CCD 的累积时间，当电子快门关闭时，对 NTSC 摄像机，其CCD 累积时间为 1/60 秒；对于 PAL 摄像机，则为 1/50 s。当摄像机的电子快门打开时，对于 NTSC 摄像机，其电子快门以 261 步覆盖从 1/60～1/10000 s 的范围；对于 PAL 型摄像机，其电子快门则以 311 步覆盖从 1/50～1/10000 s 的范围。当电子快门速度增加时，在每个视频场允许的时间内，聚焦在 CCD 上的光减少，结果将降低摄像机的灵敏度，然而，较高的快门速度对于观察运动图像会产生一个"停顿动作"效应，这将大大地增加摄像机的动态分辨率。

(5) 白平衡。只用于彩色摄像机，其用途是实现摄像机图像能精确反映景物状况，有手动白平衡和自动白平衡两种方式。

(6) CCD 摄像机可进行精确的色彩调整。

4) DSP 摄像机

在模拟制式的基础上引入部分数字化处理技术，称为数字信号处理(DSP—DIGITAL SIGNAL PROCESSOR)摄像机。该种摄像机具有以下优点。

(1) 由于采用了数字检测和数字运算技术而具有智能化背景光补偿功能。常规摄像机要求被摄景物置于画面中央并要占据较大的面积方能有较好的背景光补偿，否则过亮的背景光可能会降低图像中心的透明度。而 DSP 摄像机是将一个画面划分成 48 个小处理区域来有效地检测目标，这样即使是很小的、很薄的或不在画面中心区域的景物均能清楚地呈现。

(2) 由于 DSP 技术而能自动跟踪白平衡，即可以在任何条件检测和跟踪"白色"，并以数字运算处理功能来再现原始的色彩。传统的摄像机对画面上的全部色彩作平均处理，这样如果彩色物体在画面上占据很大面积，那么彩色重现将不平衡，也就是不能重现原始色彩。DSP 摄像机是将一个画面分成 48 个小处理区域，这样就能够有效地检测白色，即使画面上只有很小的一块白色，该摄像机也能跟踪它从而再现出原始的色彩。在拍摄网格状物体时，可将由摄像机彩色噪声引起的图像混叠减至最少。

2. 镜头

摄像机镜头是视频监视系统的最关键设备，它的质量(指标)优劣直接影响摄像机的整机指标。因此，摄像机镜头的选择是否恰当既关系到系统质量，又关系到工程造价。

镜头相当于人眼的晶状体，如果没有晶状体，人眼看不到任何物体；如果没有镜头，那么摄像头所输出的图像就是白茫茫的一片，没有清晰的图像输出，这与我们家用摄像机和照相机的原理是一致的。当人眼的肌肉无法将晶状体拉伸至正常位置时，也就是人们常说的近视眼，眼前的景物就变得模糊不清；摄像头与镜头的配合也有类似现象，当图像变得不清楚时，可以调整摄像头的后焦点，改变 CCD 芯片与镜头基准面的距离(相当于调整人眼晶状体的位置)，可以将模糊的图像变得清晰。

由此可见，镜头在闭路监控系统中的作用是非常重要的。工程设计人员和施工人员都要经常与镜头打交道。设计人员要根据物距、成像大小计算镜头焦距，施工人员经常进行现场调试，其中一部分就是把镜头调整到最佳状态。

1) 镜头的分类

一般来讲，镜头的分类如表 3.1 所示。

表 3.1

按外形功能分	按尺寸大小分	按光圈分	按变焦类型分	按焦距长短分
球面镜头	1" 25 mm	自动光圈	电动变焦	长焦距镜头
非球面镜头	1/2" 3 mm	手动光圈	手动变焦	标准镜头
针孔镜头	1/3" 8.5 mm	固定光圈	固定焦距	广角镜头
鱼眼镜头	2/3" 17 mm			

具体描述如下：

(1) 镜头的安装分为两种。所有的摄像机镜头均是螺纹口的，CCD 摄像机的镜头安装有两种工业标准，即 C 安装座和 CS 安装座。两者螺纹部分相同，但两者从镜头到感光表面的距离不同。

C 安装座：从镜头安装基准面到焦点的距离是 17.526 mm。

CS 安装座：特种 C 安装，此时应将摄像机前部的垫圈取下再安装镜头。其镜头安装基准面到焦点的距离是 12.5 mm。如果要将一个 C 安装座镜头安装到一个 CS 安装座摄像机上时，则需要使用镜头转换器。

(2) 以摄像机镜头规格分类，摄像机镜头规格应视摄像机的 CCD 尺寸而定，两者应相对应。即摄像机的 CCD 靶面大小为 1/2 英寸时，则镜头应选 1/2 英寸；若为 1/3 英寸，镜头也应选 1/3 英寸，以此类推。

如果镜头尺寸与摄像机 CCD 靶面尺寸不一致，那么观察角度将不符合设计要求或者出现画面在焦点以外等问题。

(3) 以镜头光圈分类，镜头有手动光圈(manual iris)和自动光圈(auto iris)之分。配合摄像机使用，手动光圈镜头适合于亮度不变的应用场合，自动光圈镜头因亮度变更时其光圈亦作自动调整，故适用亮度变化的场合。自动光圈镜头有两类：一类是将一个视频信号及电源从摄像机输送到透镜来控制镜头上的光圈，称为视频输入型；另一类则是利用摄像机上的直流电压来直接控制光圈，称为 DC 输入型。

自动光圈镜头上的 ALC(自动镜头控制)调整用于设定测光系统，可以是整个画面的平均亮度，也可以是画面中最亮部分(峰值)来设定基准信号强度，供给自动光圈调整使用。一般而言，ALC 已在出厂时设定，可不作调整，但是对于拍摄景物中包含有一个亮度极高的目标时，明亮目标物之影像可能会造成"白电平削波"现象，而使得全部屏幕变成白色，此时可以调节 ALC 来变换画面。

采用自动光圈镜头，对于下列应用情况是理想的选择，它们是：

- 在诸如太阳光直射等非常亮的情况下，用自动光圈镜头可有较宽的动态范围。
- 要求在整个视野有良好的聚焦时，用自动光圈镜头有比固定光圈镜头更大的景深。
- 要求在亮光上因光信号导致的模糊最小时，应使用自动光圈镜头。

(4) 以镜头的视场大小分类，可分为如下五类。

- 标准镜头：视角 30° 左右，在 1/2 英寸 CCD 摄像机中，标准镜头焦距定为 12 mm，在 1/3 英寸 CCD 摄像机中，标准镜头焦距定为 8 mm。
- 广角镜头：视角 90° 以上，焦距可小于几毫米，可提供较宽广的视景。
- 远摄镜头：视角 20° 以内，焦距可达几米甚至几十米，此镜头可在远距离情况下将拍摄的物体影像放大，但使观察范围变小。
- 变倍镜头(zoom lens)：也称为伸缩镜头，有手动变倍镜头和电动变倍镜头两类。
- 针孔镜头：镜头直径几毫米，可隐蔽安装。

(5) 从镜头焦距上分类，可分为如下四类。

- 短焦距镜头：因入射角较宽，可提供一个较宽广的视野。
- 中焦距镜头：标准镜头，焦距的长度视 CCD 的尺寸而定。
- 长焦距镜头：因入射角较狭窄，故仅能提供狭窄视景，适用于长距离监视。
- 变焦距镜头：通常为电动式，可作广角、标准或远望等镜头使用。

2) 镜头的主要技术指标

(1) 镜头的成像尺寸应与摄像机 CCD 靶面尺寸相一致。如前所述，有 1/2 英寸、1/3 英寸、1/4 英寸等规格。1/2 英寸镜头可用于 1/3 尺寸摄像机，但视角会减少 25% 左右。1/3 英寸镜头不能用于 1/2 英寸摄像机。

(2) 镜头成像质量的内在指标是镜头的光学传递函数与畸变，但是对用户而言，需要了解的仅仅是镜头的空间分辨率，以每毫米能够分辨的黑白条纹数为计量单位，计算公式为：

$$镜头分辨率\ N = \frac{180}{画幅格式的高度}$$

由于摄像机 CCD 靶面大小已经标准化，如 1/2 英寸摄像机，其靶面为 6.4 mm×4.8 mm，1/3 英寸摄像机为 4.8 mm×3.6 mm。因此，对于 1/2 英寸格式的 CCD 靶面，镜头的最低分辨率应为 38 对线/mm，对于 1/2 英寸格式摄像机，镜头的分辨率应大于 50 对线，摄像机的靶面越小，对镜头的分辨率越高。

(3) 镜头的光圈(通光量)，以镜头的焦距和通光孔径的比值来衡量，光阑系数为

$$F = \frac{f}{d^2}$$

式中，f 为镜头焦距；d 为通光孔径。F 值越小，则光圈越大。如镜头上光圈指数序列的标值为 1.4，2，2.8，4，5.6，8，11，16 和 22 等，其规律是前一个标值时的曝光量正好是后一个标值对应曝光量的 2 倍。也就是说镜头的通光孔径分别是 1/1.4，1/2，1/2.8，1/4，1/5.6，1/8，1/11，1/16，1/22，前一数值是后一数值的 $\sqrt{2}$ 倍，因此光圈指数越小，则通光孔径越大，成像靶面上的照度也就越大。所以应根据被监控部分的光线变化程度来选择用手动光圈还是用自动光圈镜头。

(4) 焦距。焦距计算公式如下：

$$f = \frac{wL}{W} \qquad 或 \qquad f = \frac{hL}{h}$$

式中，w 表示图像的宽度(被摄物体在 CCD 靶面上成像宽度)；W 表示被摄物体宽度；L 表示被摄物体至镜头的距离；h 表示图像高度(被摄物体在 CCD 靶面上成像高度)；H 表示被摄物体的高度。

焦距的大小决定着视场角的大小。焦距数值小，视场角大，所观察的范围也大，但距离远的物体分辨不很清楚；焦距数值大，视场角小，观察范围小。所以如果要看细节，就选择长焦距镜头；如果看近距离大场面，就选择小焦距的广角镜头。只要焦距选择合适，即便距离很远的物体也可以看得清清楚楚。6 mm/F1.4 代表焦距为 6 mm，最大孔径为 4.29 mm。

3) 光圈的选择与应用范围

(1) 手动光圈镜头是最简单的镜头。适用于光照条件相对稳定的条件下，手动光圈由数片金属薄片构成。光通量靠镜头外径上的一个环调节，旋转此圈可使光圈收小或放大。手动光圈镜头，可与电子快门摄像机配套，在各种光线下均可使用。

(2) 自动光圈镜头(EF)应用于在照明条件变化大的环境中或不是用来监视某个固定目标时。比如在户外或人工照明经常开关的地方，自动光圈镜头的光圈的动作由马达驱动，而马达受控于摄像机的视频信号。

自动光圈镜头目前分为两类：一类称为视频(VIDEO)驱动型，镜头本身包含放大器电路，用以将摄像头传来的视频幅度信号转换成对光圈马达的控制；另一类称为直流(DC)驱动型，利用摄像头上的直流电压来直接控制光圈。这种镜头只包含电流计式光圈马达，要求摄像头内有放大器电路。对于各类自动光圈镜头，通常还有两项可调整旋钮。一是 ALC 调节(测光调节)，有以峰值测光和根据目标发光条件平均测光两种选择，一般取平均测光档；另一

个是 LEVEL 调节(灵敏度)，可将输出图像变得明亮或者暗淡。

自动光圈镜头可与任何 CCD 摄像机配套，在各种光线下均可使用，特别用于被监视表面亮度变化大、范围较大的场所。为了避免引起光晕现象和烧坏靶面，一般都配有自动光圈镜头。

4) 焦距的选择与应用范围

根据摄像机到被监控目标的距离，选择镜头的焦距。典型的光学放大规格有 6 倍(6.0～36 mm, F1.2)、8 倍(4.5～36 mm, F1.6)、10 倍(8.0～80 mm, F1.2)、12 倍(6.0～72 mm, F1.2)、20 倍(10～200 mm, F1.2)等档次，并以电动变焦镜头应用最普遍。为增大放大倍数，除光学放大外还可施以电子数码放大。

(1) 定焦距(光圈)镜头，一般与电子快门摄像机配套，适用于室内监视某个固定目标的场所作用。定焦距镜头一般又分为长焦距镜头，中焦距镜头和短焦距镜头。中焦距镜头是焦距与成像尺寸相近的镜头；焦距小于成像尺寸的称为短距镜头，短焦距镜头又称广角镜头，该镜头的焦距通常是 28 mm 以下的镜头，短焦距镜头主要用于环境照明条件差，监视范围要求宽的场合，焦距大于成像尺寸的称为长焦距镜头，长焦距镜头又称望远镜头，这类镜头的焦距一般在 150 mm 以上，主要用于监视较远处的景物。

(2) 手动变焦镜头一般用于科研项目而不用在闭路监视系统中。

(3) 自动变焦镜头(auto zoom lens)聚焦和变倍的调整，只有电动调整和预置两种，电动调整是由镜头内的马达驱动，而预置则是通过镜头内的电位计预先设置调整停止位，这样可以免除成像必须逐次调整的过程，可精确与快速定位。在球形罩一体化摄像系统中，大部分采用带预置位的伸缩镜头。另一项令用户感兴趣的则是快速聚焦功能，它由测焦系统与电动变焦反馈控制系统构成。

电动镜头的控制电压一般是直流 8～16 V，最大电流为 30 mA。所以在选择控制器时，要充分考虑传输线缆的长度，如果距离太远，线路产生的电压下降会导致镜头无法控制，必须提高输入控制电压或更换视频矩阵主机配合解码器控制。

电动变焦距镜头，可与任何 CCD 摄像机配套，在各种光线下均可使用，变焦距镜头是通过遥控装置来进行光对焦，光圈开度，改变焦距大小的。

自动变焦镜头通常要配合电动光圈镜头和云台使用。

3. 云台

摄像机云台是一种用来安装摄像机的工作台，分为手动和电动两种。电动云台是在微型电动机的带动下做水平和垂直转动，不同的产品其转动角度也各不相同。常见技术指标如下：

(1) 回转范围：云台的回转范围分水平旋转角度和垂直旋转角度两个指标，可根据所用摄像机的设想范围要求加以选用。具体选择有：

● 水平旋转有 0°～355° 云台，两端设有限位开关，还有 360° 自由旋转云台，可以作任意个 360° 旋转。

● 垂直俯仰大多为 90°，现在已出现垂直可做 360°，并可在垂直回转至后方时自动将影像调整为正向的新产品。

(2) 承载能力：因为摄像机及其配套设备的重量都由云台来承载，选用云台时必须将云台的承载能力考虑在内。一般轻载云台最大负重约 9 kg，重载云台最大负重约 45 kg。

　　(3) 云台使用电压：云台的使用电压有 220 V 交流、24 V 交流和直流供电几种。

　　(4) 云台的旋转速度：普通云台的转速是恒定的。有些场合需要快速跟踪目标，这就要选择高速云台。有的云台还能实现定位功能。

　　● 恒速云台——只有一档速度，一般水平旋转速度最小值为(60～120)/s，垂直俯仰速度为(30～3.50)/s。但快速云台水平旋转和垂直俯仰速度更高。

　　● 可变速云台——水平旋转速度的范围为(0～4000)/s；垂直倾斜速度的范围多为(0～1200)/s，但已有最高达 4000/s 的产品。

　　(5) 安装方式：云台有侧装和吊装两种，即云台可安装在天花板上和墙壁上。

　　(6) 云台外形：分为普通型和球形，球形云台是把云台安置在一个半球形、球形防护罩中，除了防止灰尘干扰图像外，还有隐蔽、美观的特点。

4．防护罩

　　在闭路电视监控系统中，摄像机的使用环境差别很大。为了在各种环境下都能正常工作，需要使用防护罩来进行保护。防护罩的种类很多，主要分为室内、室外和特殊类型等几种。

　　室内防护罩主要区别是体积大小，外形是否美观，表面处理是否合格。其主要以装饰性、隐蔽性和防尘为主要目标。室内型防护罩又分为简易防尘、防水型和通风冷却型两种。室内防护罩除了起防尘的作用外，还起装饰、隐蔽的作用。

　　室外型属于全天候应用，要能适应不同的使用环境。防护罩的材料主要由铝、合金、不锈钢等挤压成型。室外型分为简易防尘、防水型，带加热、排风冷却型，带雨刷、加热、排风冷却型。室外防护罩的功能主要有防晒、防雨、防冻和防结露等。室外防护罩密封性能一定要好，保证雨水不能进入防护罩内部侵蚀摄像机。有的室外防护罩还带有排风扇、加热板以及雨刮器，可以更好地保护设备。当天气太热时，排风扇自动工作；太冷时，加热板自动工作。当防护罩玻璃上有雨水时，可以通过控制系统启动雨刮器。

　　特殊类型包括高温下水冷或强制风冷型，防爆型，特殊射线防护型及其他类型。

　　摄像机防护罩的选择，首先是要包容所使用的摄像机镜头，并留有适当的富余空间，其次是依据使用环境选择适合的防护罩类型，在此基础上，将包括防护罩及云台在内的整个摄像前端之重量累计，选择具有相应承受重量的支架。还要看整体结构，安装孔越少越利于防水，再看内部线路是否便于连接，最后还要考虑外观、重量和安装座等等。

5．云台镜头控制器

　　在配置了电动镜头和电动云台的闭路电视监控系统中，需要对摄像机进行遥控，来完成诸如控制云台的旋转、控制变焦镜头的远近及光圈的大小、控制防护罩的各附属功能及摄像机电源的通断等，所有的这些都要靠云台镜头控制器(简称云镜控制器)。

　　云镜控制器按路数的多少可分为单路和多路两种，按控制功能可分为水平云镜控制器和全方位云镜控制器两种。

　　由于云镜控制器输出的是电压信号(通常为 12 V 或 24 V)，每路云台均需 4～8 芯线方可完成控制任务，对于数量多且远的云台系统，控制线路敷设相当麻烦，所以现在已很少使用，取而代之的是多功能键盘，多功能键盘输出的是数据信号，一般只需两芯线即可，这种键盘配以相应的解码器除了可以完成一般的云台旋转及镜头控制外，还可完成许多更加复杂的任务，如比例调速，花样旋转和预置位等(需要云台支持)。

6. 画面处理器

原则上,录制一个信号最好的方式是一对一,也就是用一个录影机录取单一摄影机摄取的画面,每秒录 30 个画面,不经任何压缩,解析度愈高愈好(通常是 S-VHS)。但如果需要同时监控很多场所,用一对一方式会使系统庞大、设备数量多、耗材及人力管理上费用大幅提高,为解决上述问题,画面处理器应运而生。画面处理器可最大程度地简化系统,提高系统运转效率,一般用一台监视器显示多路摄像机图像或一台录像机记录多台摄像机信号的装置。

画面处理设备可分为两大类:画面分割器和多工处理器。

1) 画面分割器

画面分割器多为四分割器 Quad,是将四个视频信号同时进行数字化处理,经像素压缩法将每个单一画面压缩成 1/4 画面大小,分别放置于信号中 1/4 的位置,在监视器上组合成四分割画面显示。屏幕被分成 4 个画面,录影机同时实时地录取 4 个画面。VCR 将它视为一个单一的画面来处理,故会牺牲掉画面的解析度及品质。在回放时无需经过解码器,虽然有很多四分割允许画面在回放时以全画面回送,但这只是电子放大,即把 1/4 画面放大成单画面。画面分割器还有九分割、十六分割几种,但分割越多每路图像的分辨率和连续性都会下降,录像效果不好。

分割器的常见功能有:多路音视频输入/输出端子;可选择显示单一画面图像,也可顺序显示 4 路输入图像;可以叠加时间和字符;含内建式蜂鸣器报警输入与连动功能,影像移动自动侦测(Motion Detection)功能;快速放像功能、画面静止功能;画中画与图像局部放大功能;可独立调整每路视频的亮度、对比、彩色及色度等;RS232 远地控制功能,有的还可同网络连接。

2) 多工处理器(Multiplexers)

多工处理器也称为图框压缩处理器,是按图像最小单位(场或帧,即 1/60 s(场切换)或 1/30 s(帧切换)的图像时间)依序编码个别处理,按摄像机的顺序依次录在磁带上,编上识别码,录像回放时取出相同识别码的图像集中存放在相应图像存储器上,再进行像素压缩后送给监视器以多画面方式显示。这种科技让录像机依序录下每支摄像机输入的画面。每个图框都是全画面(若系统只单取一个图场,其解析度就会缩减成一半),故在画质上不会有损失。然而画面的更新速率却被摄像机的数量瓜分了,所以会有画面延迟的现象。如果要录 10 支摄像机的画面,每支摄像机每秒只能取 3 个图框。虽然回放时每秒仍然有 30 个图框,但却不是 30 个不同的图框。当使用多工处理器时,每秒钟可录下来的图框数会减少。市面上不难看到图框处理器接 16 支以上的摄像机,并与 960 小时长时间录放像机连接。这种组合方式会造成每几分钟才录一个画面的结果,与其他方式相比显得没有效率。

3) 处理器与画面分割器的优缺点

画面分割器 Quad 可以实时监视画面动作,没有延迟现象,录像时是将四个画面组成一个视频信号进行录像,录像回放时也是以四分割的方式实时回放。有些产品可以进行电子变焦(Zoom)式的放大处理,但其像素少而且清晰度大幅下降,以致于没有意义,故可认为它不能大画面回放。Multiplexers 由于不损失画面像素但损失了时间,因此,录像回放时会产生延迟现象,动画效果强烈,所看到的画面是不连续的,回放时可以分割回放,也可以大画面回放。由上分析可知画面分割器 Quad 的优点是无丢失记录,取证效果好,缺点是不能大画面(在不牺牲像素的境况下)回放，而多工处理器(Multiplexers)的优点是回放功能好，能大画面回放，也能多画面回放，缺点是丢失图像，产生动画效果。

4) 未来功能发展趋势

(1) 功能更强的 IC：由于四分割与图像强调其画面的清晰与即时性，而 IC 的品质是影像的关键。目前不断研发出新的 IC，改善了画面的品质。另外，微处理器的进步也使其控制管理不同 IC(如影像 IC、记忆体 IC)的能力更好。

(2) 产品网络化：随着网络的兴盛，未来画面处理机将走向网络化，产品的功能设计将与网络连结，朝向多画面的远端监视系统发展。

(3) 产品个性化，少量多样的模式，会愈来愈普遍：因为各地区对产品的需求不同，产品的设计将有其独特性，在外观与功能上增加多样性。

(4) 产品功能丰富化：由于技术愈趋成熟，以前的跳台器，移动侦测器(Motion Dection)等全都成为内建的必备功能。另外，内建 Modem，有警报侦测，立即拨号，也将成为趋势。

(5) 同时多画面分割器有与视频矩阵切换系统相融合的趋势。

5) 单工、双工、全双工概念

对于画面处理器(Multiplexers)而言，存在单工型、双工型、全双工型，而这三个概念是众多使用者们难以准确定义的，在这里，述说其定义：

(1) 单工：多画面录像与多画面监视不能同时进行，二者选取其一。a. 只能多画面监看，不能多画面同时录像，称为画面分割器，b. 只能多画面录像，不能多画面同时监看，称为场切换或帧切换。

(2) 双工：多画面录像与多画面监视可以同时进行，互不影响；即在录像状态下可以监看多画面分割图像或全画面，在放像时也可看全画面或分割画面。

(3) 全双工：可同时接两台录像机，一台进行录像，而另一台用于回放，两者互不干扰。图框处理器则可另外再接一台监视器与录放像机，共接二台监视器与二台录放像机，交叉同时监看、录像与回放，可以连接两台监视器和两台录像机，其中一台用于录像作业，另一台用于录像带回放。

6) 矩阵式视频切换器

矩阵式视频切换器通常有两个以上的输出端口，且输出的信号彼此独立。其独有的矩阵切换方式如图 3.7 所示。在该矩阵中，每一个交叉点就相当于一个开关，交叉点的接通意味着和其对应的输入信号就从相应输出点输出。需要注意的是在同一时刻每一个输出点只能与一个输入点接通。矩阵中的交叉点可以按照系统的实际需要进行通断操作的设定，以完成监控任务。

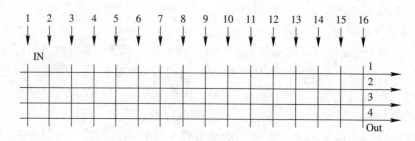

图 3.7

切换的控制一般要求和云台、镜头的控制同步；切换的方式平时一般是定时循环切换，报警则定点监视。

除了信号 I/O 切换功能外，切换器还提供图文叠显，视频输入/输出识别，报警和控制的文字显示、时间显示；键盘或 PC 机控制接口、有控制摄像机云台动作和其他辅助功能；手控或自动报警复原；视频信号在位检测器等功能。

7) 画面设备应用中的一些误区

画面处理器是以损失一些图像质量来换取系统的简单，节省耗材，但保安监控中重要的是在于识别罪犯特征，不必过分强调作案过程的细节，所以应该能完全忍受画面的动画效果。评价多画面分割器性能优劣的关键是影像处理速度和画面的清晰程度。

7．视频放大器

当信号传输距离过长时，势必造成信号的衰减，使视频信号的清晰度受到影响。因此，在进行长距离传输时，应使用视频放大器将信号进行提升，以恢复到正常的幅值。需要注意的是，因为视频放大器虽然放大了视频信号，但是同时不可避免地也放大了噪声信号，所以，一路视频中放大器使用不宜过多。另外，加粗线径同样也有减缓信号衰减的作用，两种方法配合使用能大大延长视频信号的传输距离，当两种方法同时使用还不能满足要求时，宜采用其他方法，如前面提到过的光纤传输等。

8．视频运动检测器

当所监视区域内有活动目标出现时，视频运动检测器可发出报警信号并启动报警连动装置。它在闭路电视监控系统中起到报警探测器的作用。

视频运动检测器是根据视频取样报警的，即在监视器屏幕上根据图像内容开辟若干个正方形的隐形警戒区(如画面上的门窗、保险箱或其他重要部位)，当监视现场有异常情况发生时，警戒区内图像的亮度、对比度及图像内容(即信号的幅度)均会产生变化，当这一变化超过设定的安全值时，即可发出报警信号。

现在单纯的视频运动检测器已很少见到，而是通常和画面处理器、硬盘录像机等整合在一起，作为防盗报警系统的有益补充。

9．监视器

监视器是用于显示摄像机传送来的图像信息的终端显示设备。有人常常把监视器和电视机混为一谈，事实上，监视器和电视机的主要区别在于监视器是接收视频基带信号，而电视机接收的是经过调制的高频信号，并且为了减少电磁干扰，监视器大都做成金属外壳。当然，监视器是按工业标准而生产的，其稳定性和耐用性也是普通电视机无法比拟的。

1) 监视器的分类

监视器可分黑白监视器和彩色监视器两种。

(1) 黑白监视器：分为通用型应用级和广播级两类。闭路电视监控系统一般使用通用型应用级。黑白监视器的主要性能是视频通道频响、水平分辨率及屏幕大小。

● 视频通道频响：频带宽度越宽，图像细节越清楚，亦即清晰度越高。为了保证图像重现的清晰程度，通常业务级规定频响为 8 MHz，高清晰度监视器频响在 10 MHz 以上。

● 水平分辨率：通常应用级规定中心不小于 600 线，高清晰度监视器不小于 800 线。视频通道带宽越宽，则水平分辨率越高，重现图像的清晰度也越高。实际使用时一般要求监视器线数要与摄像机匹配。

● 屏幕大小：是按显像管银光屏对角线的尺寸来确定的。常用的有 9 英寸、14 英寸、17 英寸、18 英寸、20 英寸和 21 英寸。9 英寸为小型监视器，12～18 英寸为中型监视器，20 英寸以上为大型监视器，常用的是 14 英寸。

(2) 彩色监视器：分为精密型监视器，高质量监视器，图像监视器和收监两用监视器。

● 精密型监视器：分辨率可达 600～800 线，图像清晰、色彩逼真、性能稳定，但价格昂贵。适用于电视台作为主监视器用或测量用。

● 高质量监视器：能够忠实地反映图像质量。分辨率在 370～500 线之间，常用于要求较高的场合用做图像监视和检测等。

● 图像监视器：一般具有音频输入功能，分辨率在 300～370 线之间，清晰度稍高于普通彩色电视机，适用于非技术图像监视及视听教学系统等。

● 收监两用监视器：在普通电视机的基础上增加了音频和视频输入/输出接口，分辨率不超过 300 线，性能与普通电视接收机相当。它主要用于录像显示和有线电视系统的显示等。

2) 监视器的选择

(1) 监视器类型的选择应与前端摄像机类型基本匹配，黑白摄像机一般具有分辨率较高的特点，且价格较为低廉，在以黑白摄像机为主构成的系统中，宜采用黑白监视器。

(2) 对于不但要求看得清楚而且具有彩色要求的场合，随着彩色 CCD 摄像机的大量使用，视频图像的显示必然使用彩色监视器。但对彩色监视器分辨率的选择要适中，350～400 线是较理想的标准。

(3) 600～800 线分辨率的高档 CRT 彩色监视器，其刷新率一般为每秒 75～80 帧，用在图像质量要求极高的场合。

(4) 除分辨率指标外，目前流行的是监视器具有易于控制和调节的功能。

(5) 监视器有不同的扫描制式，选用时应注意。

(6) 对于闭路电视监控系统而言，特别是在经费不太富裕的条件下，选用价格相对便宜的彩电是可行的折衷方案之一，但必须具有视频输入端子。

(7) 监视器屏幕大小的选择，应以与视频图像相匹配为原则，用于显示多画面分割器输出图像的监视器，由于一屏上有多个摄像机输出图像，因此，宜采用大屏幕的监视器。

10. 录像机

录像机是记录和重放装置，通过它可对摄像机传送来的视频信号进行实时记录，以备查用。和普通的家用录像机相比，闭路电视监控系统所用的录像机还有以下特殊的功能。

1) 记录时间

家用录像机的录像时间一般为 3 h，最多不超过 6 h(以 LP 方式)。闭路电视监控系统中使用的专用录像机(时滞录像机)录像时间最多可达 960 h，放像时能够以快速和静止等方式进行。

2) 报警输入及报警自动录像

时滞录像机录像时间长，但采用的是间隔录像，即只记录特定时间内的状态录像，这样会造成重要画面遗漏而影响安全。有了报警输入及报警自动录像功能，当录像机接收到报警器传来的报警信号时，录像机由时滞录像方式自动转换到标准实时录像方式，或者由停止状态直接启动进入标准录像方式。保证了在报警状态下所记录的视频图像的完整。并且录像机还有将报警信号输出到报警连动装置上的功能。

　　3) 自动循环录像

　　时滞录像机均具有录像带用完后能自动倒带并在倒带后重新录像的功能，这种功能在实际应用中非常重要。在有些场合，并不需要把所有的录像资料都保存起来，而只是保存一定的时间，在录像资料保存时间范围内如果发生了什么事件的话，可将其交给有关方面进行处理。利用录像机的自动循环录像功能可自动实现此种要求(选用的录像机的录像时间应符合要求)，同时也省却了定期更换磁带的麻烦。

　　4) 时间字符叠加

　　为了对录像机记录的内容所发生的时间加以确认，为了复查提供方便，通常要求录像机具有时间字符叠加功能，这样可以将视频图像及相应的时间同时记录到录像带上。

　　5) 电源中断后仍可自动重新记录

　　电源中断后仍可自动重新记录，这个功能对时滞录像机非常重要。在应用中不可避免地会出现突然断电的情况，断电恢复后，录像机能够自动恢复录像功能。普通的家用录像机则无此功能。

　　传统的录像机都是卡带式录像，然而卡带式录像机却有许多缺点，如磁带不易保管且容量有限，系统维护成本大等。随着计算机技术的发展，数字化录像技术已经逐渐成熟，采用数字硬盘录像机作为闭路电视监控系统的中心控制设备，可大大提高录像的清晰度和图像的实时性，并可进行多画面录像，性能远远高于传统的模拟式监控录像系统，从而大大地提高保安力度。

　　所谓的硬盘录像，是指将视频图像(有时还要包括音频)信号以数字的方式记录在硬盘里并能将选定的图像重放出来。许多人肯定会联想到计算机，事实上，现在市面上的许多硬盘录像机就是在工业控制计算机的基础上改造而来的(当然还有许多专业的硬盘录像机并非基于 PC)。数字记录图像可以用不压缩或压缩的文件方式存储。压缩比大，图像文件小但图像质量差；压缩比小，图像质量好但图像文件大。数字化录像和存储是一种 "无损" 的记录介质，可以确保图像质量和海量存储。

　　数字记录的图像可以调整重放其对比度、亮度、色饱和度而不影响原始图像，也可以用激光打印机打印出来，打印的图像质量保持记录时的高水准，图像文件可以存入软盘或其他介质，还可以将图像直接传真或网络发送，降低打印成本，提高效率。

3.4.3　集成控制系统

1. 集成监控系统

　　系统主机和各种摄像机、监视器、电动云台、录像机等外围设备集合起来，可以组成闭路电视监控系统。如图 3.8 所示。

　　控制键盘经内部的编码器编码后将其发出的动作指令经主机的微处理器，向相应的控制电路发出控制指令信号。

　　系统中云台、电动镜头及防护罩等设备的控制线路经解码器接到系统的通信总线，接收系统主机的控制指令，完成相应的动作。摄像机所拍摄的视频图像经视频输入送到系统主机内的视频矩阵切换，对应的由监听头传来的音频信号送入到音频矩阵切换，按照系统主机发出的控制指令从相应的输出口输出到监视器。

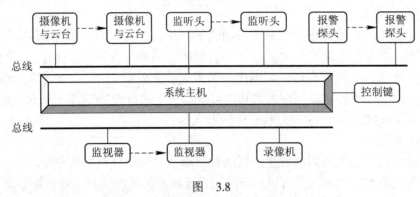

图 3.8

报警探头、门磁开关、脚踏开关和紧急按钮等报警设施发出的报警信号可由报警输入接口送入到系统主机，再由主机发出一系列的连动指令。

现在有一种电视监控系统把云台、变焦镜头和摄像机封装在一起组成一体化摄像机。它们配有高级的伺服系统，云台具有很高的旋转速度，还可以预置监视点和巡视路径。平时按设定的路线进行自动巡视，一旦发生报警，就能很快地对准报警点，进行定点的监视和录像。一台摄像机可以起到几台摄像机的作用。

为节省成本，在闭路电视监控系统中的某些监控点仅设置声音监控，同样有拾音源，传输系统，矩阵切换系统，监听、放大和录音等系统。

2. 同轴视控矩阵切换控制系统

该系统是以微处理器为核心，具有视频矩阵切换和对摄像机前端有控制能力的系统。同轴视控传输技术是当今监控系统设备的发展主流，它只需要一根视频电缆便可同时传输来自摄像机的视频信号以及对云台、镜头、预置功能等所有的控制信号，这种传输方式节省材料和成本、施工方便、维修简单，在系统扩展和改造时更具灵活性。

同轴视控实现方法有两类。一类是采用频率分割，即把控制信号调制在与视频信号不同的频率范围内，然后同视频信号复合在一起传送，再在现场做解调将两者区分开；另一类是利用视频信号场消隐期间来传送控制信号，类似于电视图文传送。

同轴视控切换控制主机因为是通过单根电缆实现对云台、镜头等摄像前端的动作控制，所以必定要主机端编码经传输后由前端译码方式来完成。这就决定了在摄像前端也需要有完成动作控制译码和驱动的解码器装置。与普通视频矩阵切换系统不同的是，此类解码器与主机之间只有一个连接同轴电缆的 BNC 接插头。

3. 微机控制或微机一体化的矩阵切换与控制系统

该系统是随着计算机应用的普及而出现的电脑式切换器。有的由计算机芯片和外围电路控制，有的直接以微机控制，除完成常规的视频矩阵切换和对摄像机前端的控制功能外，同时它还具有很强的计算机功能。例如有较强的键盘密码系统可以有效地防止无权者操作使用；它有启动配置程序，能够以下拉式菜单的方式进行程序控制；有系统诊断程序以监视系统所有的功能；有打印机接口可以输出整个系统的操作情况；有网络互联功能，有多种输入/输出接口，有的系统还有视频图像的移动探测报警功能。微机一体化控制系统均内置有多路报警输入与输出，可配接多台分控键盘和连接较多的解码器。大型系统可用于分级层控连网。

4．监控系统的选择及安装

目前市场上常用的主机虽然品牌不同、外型各异，但功能相差不大。选择时首先要确定自己有多少台摄像机需要控制，是不是还会扩充，把现有的和将来有可能扩充的摄像机数目相加，选择控制器的输入路数。比如一个居住小区，目前只盖好了 10 栋楼房，后期会有 15 栋，每栋楼房安装一台摄像机，那么最少也要有 25 路视频输入给控制主机，由于控制主机大部分以输入/输出模块形式扩充，输入以 8 的倍数递增，因此，需要选择 32 输入主机。

选择控制器的输出路数是由监控室内需要几台监视器决定的。比如上面举的例子，如果监控室需要至少 4 台监视器，那么输出就选择 4 路或 5 路输出(输出多一些不会影响性能，但价格会增加)的控制主机。

目前控制主机常用的输入有 8、16、32、48、64、80、96、128 到 512 路，一般以 8 或 16 的倍数递增；输出从 2、4、5、8、16、24 到 32，一般以 2 或 4 的倍数递增。

主机的控制码有多种，大部分不兼容，必须配合其系列产品或说明可以使用的设备工作。如解码器、辅助跟随器、报警接口、分控键盘和多媒体软件等。

解码器功能是把主机的控制码转换成模拟信号输出。它提供云台 24 V 或 220 V 交流电压，镜头 12 V 直流电压，辅助 24 V 交流电压，两个辅助开关，有的还提供 12 V 直流供电。解码器是控制系统中最常用的设备，前端有一个云台或电动镜头，就需要有一个解码器。解码器分为室内型和室外型。室外型有一个防水箱，并提供雨刷工作电压。安装时必须提供解码器的 220 V 电源，跳开解码器的地址码以免冲突。还要注意云台的工作电压，因为云台工作电压有 24 V 和 220 V 两种，如果与解码器配合不对，轻则无法正常工作，重则烧毁云台电机，造成较大的损失。

解码器到云台、镜头的连接线不要太长。因为控制镜头的电压为直流 12 V 左右，所以传输太远则压降太大，会导致镜头不能控制。另外，由于多芯控制电缆比屏蔽双绞线要贵，因此成本也会增加。室外解码器要做好防水处理，可采取在进线口处用防水胶封闭的方法。

从主机到解码器通常采用屏蔽双绞线，一条线上可以并联多台解码器，总长度不超过1500 m(视现场情况而定)。如果解码器数量太大，需要增加一些辅助设备，如增加控制码分配器或在最后一台解码器上并联一个匹配电阻(以厂家的说明为准)。

除了监控室以外还要有人操作云台、镜头等设备，需要配备分控键盘，每个主机可以带分控键盘的个数不同，分控键盘的功能也有差异，有的可以控制监视器的输出，有的可以控制变速云台。分控键盘与主机一般也用屏蔽双绞线连接。

现在由于计算机多媒体技术的发展，监控系统也有向其靠拢的趋势，多数厂商在设计监控主机时留有计算机接口，通过连接电缆和接口与计算机的串行口通信，在计算机上插一块视频捕捉卡来观看图像，插一块声卡来监听声音。多媒体控制软件一般有如下功能：设置系统控制主机的型号，设置通信口，设置系统密码，设置操作人员的操作等级，画电子地图，设置前端摄像机的性质(是否带云台、电动镜头)，对已有的地图进行增加和删除修改，对报警探测器布防和撤防，控制视频的切换，云台转动，镜头聚焦，辅助开关的闭合等等。由于多媒体软件操作界面良好，使操作者更容易理解接受，因此现在已被广泛应用。

3.5 背景音乐与广播系统

智能建筑物内都设有公共广播音响系统，包括一般广播、紧急广播和音乐广播等。公共广播用于公共场所，如走廊、电梯门厅、电梯轿厢、入口大厅、商场、酒吧和宴会厅等，通常采用组合式声柱或分散扬声器箱。平时播放背景音乐，当遇到火灾时作为事故广播，指挥人员的疏散。因此，公共广播音响系统的设计应与消防报警系统的设计配合，需要与消防分区的划分相一致。另外，在写字楼房间内有时也加吸顶音响以提供背景音乐和紧急广播，但是可以通过房内的音量旋钮来调节音量或关闭声音。

广播音响系统的输出功率馈送方式有：有线 PA 方式与 CAFM 方式两种。

组成一个广播音响系统的主要设备有三类：音源设备、信号处理设备和现场设备。

3.5.1 音源设备

音源设备主要由以下五部分构成。

(1) AM/FM 调谐器：用于接收无线电广播节目，可以得到最新最及时的客户所需要的信息与音乐；

(2) 激光唱机：又称 CD 唱机，是广播音响系统的主要节目源，当然也可以是 VCD/DVD/LD 等。

(3) 自动循环双卡座：可以对话音节目和音乐节目进行反复播放。

(4) 话筒及现场播音器：专门用于消防指挥等紧急情况下使用广播设备，具有话筒和盒式磁带放音广播两种输入信号的方式。

(5) 寻呼麦克风。

3.5.2 信号处理设备

信号处理设备主要由以下六部分构成：

(1) 钟声发生器；

(2) 话音前置放大器；

(3) 线路放大器：对所选择的节目信号进行放大；

(4) 节目选择器：一般有不少于四种可供选择的节目信号源，它们是 AM/FM 无线节目广播、CD 碟节目、循环卡座节目、正常话音广播；

(5) 功率放大器：对线路放大器放大后的节目信号进行功率放大，然后输出到负载喇叭；

(6) 多区输出选择器。

3.5.3 现场设备

现场设备主要由以下三部分构成：

(1) 楼层分线箱：将功率放大后输出的信号传递到该楼层的各个负载喇叭上，分线箱一般都装有一个转换继电器，当有楼层切换信号到来时，继电器将功率输出的信号"绕"过音量调节器输出到各个喇叭,这样,在紧急广播的情况下,不管原来的音量调节器处于何种位置,喇叭都能够使功率发声。

(2) 音量控制器/音量旋钮。

(3) 扬声器。吸顶音箱功率在 3～8 W,音柱和草地音箱功率一般在 20 W 以上。

3.5.4　公共广播系统的工程设计

这里所说的公共广播是指有线传输的声音广播,通常用于公共场馆、大厦、小区内部,供背景音乐广播、寻呼广播以及强行插入的灾害性广播使用。

这一类公共广播工程的设计,通常按下列顺序进行:

● 广播扬声器的选用、配置;

● 广播功放的选用;

● 广播分区;

● 广播系统的建构。

1．广播扬声器的选用

广播扬声器的选用原则上应视环境的不同选用不同品种规格的广播扬声器。例如,在有天花板吊顶的室内,宜用嵌入式、无后罩的天花扬声器。这类扬声器结构简单,价钱相对便宜,又便于施工。主要缺点是没有后罩,易被昆虫、鼠类啮咬。在仅有框架吊顶而无天花板的室内(如开架式商场),宜用吊装式球型音箱或有后罩的天花扬声器。由于天花板相当于一块无限大的障板,所以在有天花板的条件下使用无后罩的扬声器也不会引起声短路。而没有天花板时情况就大不相同,如果仍用无后罩的天花扬声器,效果会很差。这时原则上应使用吊装音箱。但若嫌投资大,也可用有后罩的天花扬声器。有后罩天花扬声器的后罩不仅有一般的机械防护作用,而且在一定程度上起到防止声短路的作用。

在无吊顶的室内(例如地下停车场),则宜选用壁挂式扬声器或室内音柱。

在室外,宜选用室外音柱或号角。这类音柱和号角不仅有防雨功能,而且音量较大。由于室外环境空旷,没有混响效应,因此必须选择音量较大的品种。

在园林、草地,宜选用草地音箱。这类音箱防雨、造型优美且音量和音质都比较讲究。

在装修讲究、顶棚高阔的厅堂,宜选用造型优雅、色调和谐的吊装式扬声器。

在防火要求较高的场合,宜选用防火型的扬声器。这类扬声器是全密封型的,其出线口能够与阻燃套管配接。

2．广播扬声器的配置

广播扬声器原则上以均匀、分散的方式配置于广播服务区。其分散的程度应保证服务区内的信噪比不小于 15 dB。

通常,高级写字楼走廊的本底噪声约为 48～52 dB,超级商场的本底噪声约为 58～63 dB,繁华路段的本底噪声约为 70～75 dB。考虑到发生事故时,现场可能十分混乱,因此,为了满足紧急广播的需要,即使广播服务区是写字楼,也不应把本底噪声估计得太低。据此,作为一般考虑,除了繁华热闹的场所,不妨大致把本底噪声视为 65~70 dB(特殊情况除外)。照此推算,广播覆盖区的声压级宜在 80～85 dB 以上。

鉴于广播扬声器通常是分散配置的，因此广播覆盖区的声压级可以近似地认为是单个广播扬声器的贡献。根据有关的电声学理论，扬声器覆盖区的声压级 SPL 同扬声器的灵敏度级 L_M、馈给扬声器的电功率 P、听音点与扬声器的距离 r 有如下关系：

$$SPL = L_M + 10\lg P - 20\lg r \quad dB \qquad\qquad ①$$

天花扬声器的灵敏度级在 88～93 dB 之间，额定功率为 3～10 W。以 90 dB/8 W 计算，在离扬声器 8 m 处的声压级约为 81 dB。以上计算未考虑早期反射声群的贡献。在室内，早期反射声群和邻近扬声器的贡献可使声压级增加 2～3 dB 左右。

根据以上近似计算，在天花板不高于 3 m 的场馆内，天花扬声器大体可以互相距离 5～8 m 均匀配置。如果仅考虑背景音乐而不考虑紧急广播，则该距离可以增大至 8～12 m。另外，《民用建筑电气设计规范》(JGJ/T16–92，以下简称"规范")有以下一些硬性规定："走道、大厅、餐厅等公众场所，扬声器的配置数量，应能保证从本层任何部位到最近一个扬声器的步行距离不超过 15 m。在走道交叉处、拐弯处均应设扬声器。走道末端最后一个扬声器距墙不大于 8 m。"

室外场所基本上没有早期反射声群，单个广播扬声器的有效覆盖范围只能取上文计算的下限。由于该下限所对应的距离很短，所以原则上应使用由多个扬声器组成的音柱。馈给扬声器群组(例如音柱)的信号电功率每增加一倍(前提是该群组能够接受)，声压级可提升 3 dB(注意"一倍"的含义)。由 1 增至 2 是一倍，而由 2 须增至 4 才是一倍。另外，距离每增加 1 倍，声压级将下降 6 dB。根据上述规则不难推算室外音柱的配置距离。例如，以额定功率为 40 W 的室外音柱为例，它是单个天花扬声器的 4 倍以上。因此，其有效的覆盖距离大于单个天花扬声器的 2 倍。事实上，这个距离还可以再大一些。因为音柱的灵敏度比单个天花扬声器要高(约高 3～6 dB)，而每增加 6 dB，距离就可再加倍。也就是说这种音柱的覆盖距离可以达 20 m 以上。但音柱的辐射角比较窄，仅在其正前方约 60°～90° (水平角)左右内有效。具体计算仍可用式①。

3. 广播功放的选用

广播功放不同于 HI–FI 功放。其最主要的特征是具有 70 V 和 100 V 恒压输出端子。这是由于广播线路通常都相当长，须用高压传输才能减小线路损耗。

广播功放的最重要指标是额定输出功率。应选用多大的额定输出功率，须视广播扬声器的总功率而定。对于广播系统来说，只要广播扬声器的总功率小于或等于功放的额定功率，而且电压参数相同，即可随意配接，但考虑到线路损耗、老化等因素，应适当留有功率余量。如果是背景音乐系统，广播功放的额定输出功率应是广播扬声器总功率的 1.3 倍左右，但是，所有公共广播系统原则上应能进行灾害事故紧急广播。因此，系统需设置紧急广播功放。根据"规范"要求，紧急广播功放的额定输出功率应是广播扬声器容量最大的三个分区中扬声器容量总和的 1.5 倍。

至于广播功放的其他规范，取决于广播系统的具体结构和投资。

4. 广播分区

一个公共广播系统通常划分成若干个区域，由管理人员(或预编程序)决定哪些区域须发布广播、哪些区域须暂停广播、哪些区域须插入紧急广播等等。

分区方案原则上取决于客户的需要。通常可参考下列规则：

　　(1) 大厦通常以楼层分区。商场、游乐场通常以部门分区，运动场馆通常以看台分区，住宅小区、度假村通常按物业管理分区等等。

　　(2) 管理部门与公众场所宜分别设区。

　　(3) 重要部门或广播扬声器音量有必要由现场人员任意调节的宜单独设区。

　　总之，分区是为了便于管理。凡是需要分别对待的部分，都应分割成不同的区。但是每一个区内，广播扬声器的总功率不能太大，需同分区器和功放的容量相适应。

5．典型系统

　　如图 3.9 所示，报警矩阵是与消防中心连接的智能化接口，可以编程。当消防中心发出某分区火警信号时，报警矩阵能根据预编程序的要求，自动地强行开放警报区及其相关的邻区，以便插入紧急广播；对于具有音控器的分区，须在分区电源的帮助下才能强行打开(或绕过)音控器进行插入。无关的邻区将继续播放背景音乐。在警报启动时，报警信号发生器也被激活，自动地向警报区发送警笛或先期固化的告警录音(如指导公众疏散的录音)。如有必要，可用消防话筒实时指挥现场运作。消防话筒具有最高优先权，能抑制包括警笛在内的所有信号。

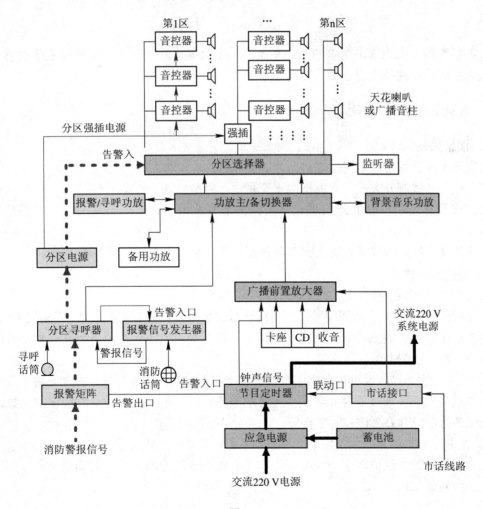

图　3.9

分区寻呼器可以开启由分区选择器管理的任一个(或任几个)分区，插入寻呼广播。

电话接口是与公共电话网连接的智能化接口。当有电话呼叫时能自动摘机，向广播区播放来话，使得主管人员可以通过电话发布广播。当电话主叫方挂机时，系统亦会自动挂机。MP-9818 具有线路输入口，可以配接调音台、前置放大器等设备，以便举行电话会议。

主/备功放切换器可以提高系统的可靠性。当主功放故障时能自动切换至备用功放。在图 3.9 中有两台主功放，分别支持背景音乐和寻呼/报警。备用功放一台，随时准备自动接管报警任务；该备用功放也可支持背景音乐，但背景音乐的广播扬声器总量可能较多，须配置容量相当的备用功放。

应急电源属在线式，一般能在市电停电后支持系统运行 30~120 分钟(视蓄电池容量而异)。

3.6 火灾探测与报警系统

火灾报警和灭火系统是建筑的必备系统，其中火灾自动报警控制系统是系统的感测部分。灭火和联动控制系统则是系统的执行部分。

3.6.1 火灾自动报警系统的分类

1. 按采用技术分

火灾自动报警系统按采用技术可分为三代系统：

第一代是多线制开关量式火灾探测报警系统，目前已处于被淘汰状态。

第二代是总线制可寻址开关量式火灾探测报警系统，目前被大量采用，主要是双总线制。

第三代是模拟量传输式智能火灾探测报警系统，它大大降低了系统的误报率。

2. 按控制方式分

火灾自动报警系统按控制方式可分为以下三种系统：

(1) 区域报警系统：由通用报警控制器或区域报警控制器和火灾探测器、手动报警按钮、警报装置等组成的火灾报警系统。一般适用于二级保护对象，保护范围为某一局部范围或某一设施，适用于图书馆和机房等。

(2) 集中报警系统：设有一台集中报警控制器和两台以上区域报警控制器，集中报警控制器设在消防室，区域报警控制器设在各楼层服务台。一般适用于一、二级保护对象，适用于有服务台的综合办公楼和写字楼等。

(3) 控制中心报警系统：由集中报警控制系统加消防联动控制设备构成。一般适用于特级、一级保护对象，保护范围为规模较大，需要集中管理的场所，如群体建筑和超高层建筑等。具体如图 3.10 所示。

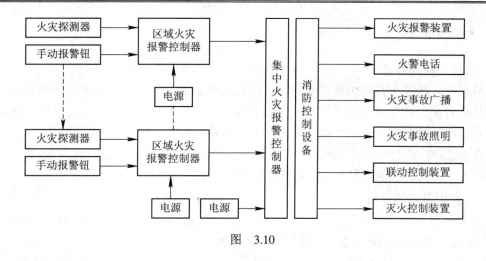

图　　3.10

3.6.2　系统组成

火灾探测报警系统由以下 11 部分组成。

(1) 火灾探测器：是火灾系统的传感部分，能产生并在现场发出火灾报警信号，传送现场火灾状态信号。

(2) 手动火灾报警按钮：是手动触发装置，按钮一般装于金属盒内，用户确认火灾后，敲破保护罩，将键按下，报警设备(如火警电铃)动作。同时手动信号也传送到报警控制器，发出火灾报警，其准确度比探测器要高。

(3) 火灾报警控制器：向火灾探测器提供高稳定度的直流电源；监视连接各火灾探测器的传输导线有无故障；能接受火灾探测器发出的火灾报警信号，迅速正确地进行控制转换和处理，并以声、光等形式指示火灾发生位置，进而发送消防设备的启动控制信号。

(4) 消防控制设备：主要指的是火灾报警装置、火警电话、防排烟、消防电梯等联动装置、火灾事故广播及固定灭火系统控制装置等。

(5) 火灾报警装置：当发生火情时，能发出声或光报警。

(6) 火警电话：为了适应消防通信需要，应设立独立的消防通信网络系统。在消防控制室、消防值班室等处应装设向公安消防部门直接报警的外线电话。

(7) 火灾事故照明：包括火灾事故工作照明及火灾事故疏散指示照明。保证在发生火灾时，其重要的房间或部位能继续正常工作。事故照明灯的工作方式分为专用和混用两种，前者平时不工作，发生事故时强行启动。后者平时即为工作照明的一部分。

(8) 防排烟系统：火灾死亡人员中，50%～70% 是由于一氧化碳中毒，另外烟雾使逃生的人难辨方向。防排烟系统能在火灾发生时迅速排除烟雾，并防止烟气窜入消防电梯及非火灾区内。

(9) 消防电梯：用于消防人员扑救火灾和营救人员。此时普通电梯由于电源问题可能不安全。

(10) 火灾事故广播：其作用是便于组织人员的安全疏散和通知有关救灾的事项。

(11) 固定灭火系统：最常用的有自动喷淋灭火系统和消火栓灭火系统等。

以下将分节介绍主要消防设备。

3.6.3　火灾探测器

1. 火灾的探测方法

一般来说，物质由开始燃烧到火势渐大酿成火灾总有一个过程，依次是产生烟雾、周围温度逐渐升高、产生可见光或不可见光等。因为任何一种探测器都不是万能的，所以根据火灾早期产生的烟雾、光和气体等现象，选择合适的火灾探测器是降低火灾损失的关键。

迄今为止，世界上研究和应用的火灾探测方法和原理主要有：① 空气离化法；② 热(温度)检测法；③ 火焰(光)检测法；④ 可燃气体检测法。

2. 火灾探测器的分类

根据火灾探测方法和原理，目前世界各国生产的火灾探测器主要有感烟式、感温式、感光式、可燃气体探测式和复合式等类型。而每种类型中又可分为不同形式，分类如图 3.11 所示。

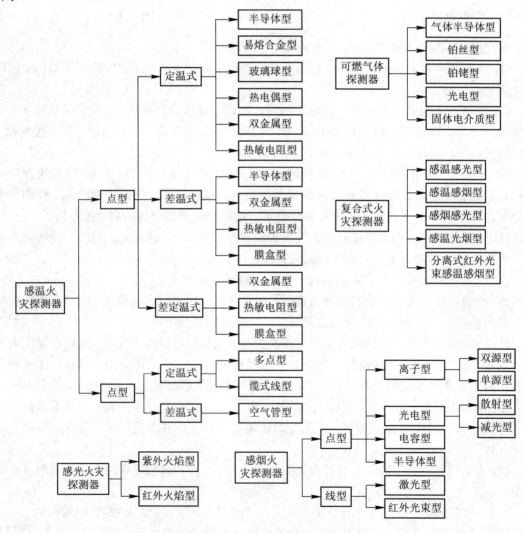

图　3.11

3．火灾探测器的命名规则

火灾报警产品都是按照国家产品编制命名的。国标型号从名称就可以看出产品类型及特征。

下面给出图 3.12 中符号的物理意义及火灾报警产品名称的字母表示。

Ⅰ：J—火灾报警设备。

Ⅱ：T—火灾探测器代号。

Ⅲ：火灾探测器分类代号：

  Y—感烟式火灾探测器； W—感温式火灾探测器； G—感光式火灾探测器；

  Q—可燃气体探测器； F—复合式火灾探测器；

Ⅳ：应用范围特征代号表示方法：

  B—防爆型；C—船用型

Ⅰ	Ⅱ	Ⅲ	Ⅳ	—	Ⅴ	Ⅵ	—	Ⅶ
消防产品分类代号	火灾探测器代号	火灾探测器分类代号	应用范围特征代号		敏感元件特征号	敏感方式特征号		主参数

图　3.12

非防爆型或非船用型可省略，无须注明。

Ⅴ、Ⅵ：探测器特征表示法(敏感元件，敏感方式特征代号)：

  LZ—离子； MD—膜盒定温； GD—光电；

  MC—膜盒差温； SD—双金属定温； MCD—膜盒差定温；

  SC—双金属差温； GW—感光感温； GY—感光感烟；

  YW—感烟感温； HS—红外光速感烟感温； BD—半导体定温；

  ZD—热敏电阻定温； BC—半导体差温； ZC—热敏电阻差温；

  BCD—半导体差定温； ZCD—热敏电阻差定温； HW—红外感光；

  ZW—紫外感光。

Ⅶ：主要参数，表示灵敏度等级(Ⅰ、Ⅱ、Ⅲ级)对感烟感温探测器标注。(灵敏度指对被测参数的敏感程度)。

下面简单描述常用火灾探测器的工作原理。

4．感烟火灾探测器

感烟火灾探测器对燃烧或热解产生的固体或液体微粒予以响应，可以探测物质初期燃烧所产生的气溶胶(直径为 0.01～0.1 pm 的微粒)或烟粒子浓度。因为感烟火灾探测器对火灾前期及早期报警很有效，所以应用最广泛。常用的感烟火灾探测器有离子式感烟探测器、光电式感烟探测器及红外光束线型感烟探测器。

1) 离子式感烟探测器

离子式感烟探测器是目前应用最多的一种火灾探测器。离子式感烟探测器是利用烟雾粒子改变电离室电离电流的原理设计的感烟探测器。其工作原理是：正常情况电离室在电场作用下，正、负离子呈有规则运动，使电离室形成离子电流。当烟粒子进入电离室时，被电离的正离子和负离子被吸附到烟雾粒子上，使正离子和负离子互相中和的概率增加，这样就使到达电极的有效离子数减少。另一方面，由于烟粒子的作用，α射线被阻挡，电离能力降低，电离室内产生的正负离子数减少，这些变化导致电离电流减少。当减少到一定值时，控制电路动作，发出报警信号。此报警信号传输给报警器，实现了火灾自动报警。

感烟探测器有双源双室和单源双室之分，双源双室探测器是由两块性能一致的放射源片(配对)制成相互串联的两个电离室和电子线路组成的火灾探测装置。一个电离室开孔称采样电离室(或称为外电离室)，烟可以顺利进入。另一个是封闭电离室，称参考电离室(或内电离室)，烟无法进入，仅能与外界温度相通。

单源式感烟探测器与双源式工作原理基本相同，但结构形式则完全不同。它是利用一个放射源形成两个电离室，即单源双室。参考室包含在采样室中。射线通过中间电极中的一个小孔放射出来。在电路上，两个电离室同样是串联，与双源双室探测器类似。

单源双室探测器与双源双室探测器相比，具有非常明显的优点。

(1) 由于两电离室同处在一个相通的空间，即能保证在火灾时烟雾顺利进入参考室迅速报警，又能保证在环境变化时两室同时变化。因此，它工作稳定，环境适应能力强。不仅对环境因素(温度、湿度、气压和气流)的慢变化，还对快变化有更好的适应性，提高了抗潮、抗温性能。

(2) 增强了抗灰尘、抗污染的能力。当灰尘轻微地沉积在放射源的有效源面上，导致放射源发射的 α 粒子的能量和强度明显变化时，会引起工作电流变化。这时采样室和参考室的电流均会变化，从而采样室分压的变化不明显。

(3) 一般双源双室离子感烟探测器是通过改变电阻的方式实现灵敏度调节的，而单源双室离子感烟探测器是通过改变放射源的位置来改变电离室的空间电荷分布，即源极和中间极的距离连续可调，能比较方便地改变采样室的静态分压，实现灵敏度调节。这种灵敏度调节连续且简单，有利于探测器响应阈值一致性的调整。

(4) 因为单源双室只需一个更弱的 d 放射源，所以与双源双室的放射源相比源强可减少一半，且克服了双源双室电离室要求两个放射源互相匹配的缺点。

2) 光电式感烟探测器

根据烟雾对光的吸收和散射作用，光电式感烟探测器分为散射光式和减光式两种。

(1) 散射光式光电感烟火灾探测器。它是利用光散射原理对火灾初期产生的烟雾进行探测，并及时发出报警信号。其发光元件(发光二极管)和受光元件(光敏元件)的位置不是相对的，无烟雾时，光不能射到光敏元件上。有烟雾存在时，光通过烟雾粒子的散射到达光敏元件上，光信号转换为电信号。当烟粒子浓度达到一定值时，散射光的能量就足以产生一定大小的激励用光电流，经放大电路放大后，驱动报警装置，发出火灾报警信号。散射光式光电感烟火灾探测器遮光暗室中发光元件与受光元件的夹角在 $900°\sim1350°$ 之间，夹角越大，灵敏度越高。一般来说，该种探测器对粒径 $0.9\sim10\ \mu m$ 的烟雾粒子能够灵敏探测，而对 $0.01\sim0.09\ \mu m$ 的烟粒子变化无反应。

(2) 减光式光电感烟火灾探测器。由一个光源(灯泡或发光二极管)和一个光敏元件(硅光电池)对应装置在小暗室(或称采样室)里构成。在正常(无烟)情况下，光源发出的光通过透镜聚成光束，照射到光敏元件上，并将其转换成电信号，使整个电路维持正常状态，不发生报警。当发生火灾有烟雾存在时，光源发出的光线受烟离子的散射和吸收作用，使光的传播特性改变，光敏元件接收的光强明显减弱，电路正常状态被破坏，发出声光报警。

　　离子式感烟探测器和光电式感烟探测器不仅在工作原理上不同，在性能特点上也是各有所长，在实际应用中，应根据现场情况进行选择方能达到最佳适用效果。一般来说，离子式感烟探测器比光电式感烟探测器具有更好的外部适应性，适用于大多数现场条件复杂的场所，如办公室、教室、卧室、走廊、餐厅、歌舞厅、仓库、档案室、配电间、电话机房和空调机房等。光电式感烟探测器较适合于化学实验室、药品库、计算机房、放射性场所等外界环境单一或有特殊要求的场所。

　　两种探测器的基本性能比较如表 3.2 所示。

表 3.2

序号	基 本 性 能	离子式感烟探测器	光电式感烟探测器
1	对燃烧产物颗粒大小的要求	无要求，均适合	对小颗粒不敏感，对大颗粒敏感
2	对燃烧产物颜色的要求	无要求，均适合	不适于黑烟、浓烟、适合于白烟、浅烟
3	对燃烧方式的要求	适合于明火、炽热火	适合于阴燃火，对明火反应性差
4	大气环境(温度、湿度、风速)的变化	适应性差	适应性好
5	探测器安装高度的影响	适应性好	适应性差
6	对可燃物的选择	适应性好	适应性差

　　3) 线型感烟探测器

　　线型感烟探测器是对警戒范围中某一线路周围的烟参数予以响应的火灾探测器。它的特点是监视范围广，保护面积大，适用环境要求低等。它又可分为激光型和红外线型两种，目前大多使用红外线型。这种探测器由发射器和接收器两部分组成，其工作原理是：在正常情况下，红外光束探测器的发射器发送一个波长为 940 mm 的红外光束，它经过保护空间不受阻挡地射到接收器的光敏元件上，发生火灾时，由于烟雾扩散到测量区内，使接收器收到的红外光束辐射通量减弱，当辐射通量减弱到预定的感烟动作阈值时，探测器立即动作，发出火灾报警信号。

　　线型感烟探测器具有保护面积大、安装位置较高、在相对湿度较高和强电场环境中反应速度快等优点，适宜保护下列较大空间的场所。

　　(1) 无遮挡大空间的库房、飞机库、纪念馆、档案馆和博物馆等。

　　(2) 隧道工程。

　　(3) 变电站、发电站等。

　　(4) 古建筑、文物保护的厅堂管所等。

　　不宜使用线型感烟探测器的场所是：有剧烈震动的场所；有日光照射或强红外光辐射源的场所；在保护空间有一定浓度的灰尘、水气粒子且粒子浓度变化较快的场所。

　　4) 电容式感烟探测器

　　电容式感烟探测器是根据烟雾进入电容极板间的空间使电容器的介电常数发生变化，从而改变电容阻抗的原理制成的。

　　5. 感温式火灾探测器

　　感温式探测器是响应异常温度、温升速率和温差等参数的探测器。按其作用原理可分为定温式、差温式和差定温式三大类。

(1) 定温式探测器：温度达到或超过预定值时响应的感温式探测器，最常用的类型为双金属定温式点型探测器。其常用结构形式有圆筒状和圆盘状两种。

(2) 差温式探测器：当火灾发生时，室内温度升高速率达到预定值时响应的探测器。

(3) 差定温式探测器：兼有差温和定温两种功能的感温探测器，当其中某一种功能失效时，另一种功能仍能起作用，因而大大提高了可靠性。差定温式探测器分为机械式和电子式两种。

6．感光式火灾探测器

感光式火灾探测器又称火焰探测器。可以对火焰辐射出的红外线、紫外线、可见光予以响应。这种探测器对迅速发生的火灾或爆炸能够及时响应。

7．气体火灾探测器

气体火灾探测器又称可燃气体探测器，是对探测区域内的气体参数敏感响应的探测器。它主要用于炼油厂、溶剂库和汽车库等易燃易爆场所。

8．复合火灾探测器

复合火灾探测器是对两种或两种以上火灾参数进行响应的探测器。它主要有感温感烟探测器、感温感光探测器和感烟感光探测器等。

9．火灾探测器的选择

在火灾自动报警系统中，探测器的选择非常重要，选择的合理与否，关系到系统的运行情况。探测器种类的选择应根据探测区域内的环境条件、火灾特点、房间高度以及安装场所的气流状况等，选用其所适宜类型的探测器或几种探测器的组合。

1) 根据火灾特点、环境条件及安装场所确定探测器的类型

火灾受可燃物质的类别、着火的性质、可燃物质的分布、着火场所的条件、新鲜空气的供给程度以及环境温度等因素的影响。

一般把火灾的发生与发展分为四个阶段。

前期：火灾尚未形成，只出现一定量的烟，基本上未造成物质损失。

早期：火灾开始形成，烟量大增，温度上升，已开始出现火，造成较小的损失。

中期：火灾已经形成，温度很高，燃烧加速，造成了较大的物质损失。

晚期：火灾已经扩散，造成一定损失。

根据以上对火灾特点的分析，对探测器选择如下：

(1) 烟探测器在前期、早期报警时非常有效的。凡是要求火灾损失小的重要地点，类似在火灾初期有阴燃阶段及产生大量的烟和小量的热，很少或没有火焰辐射的火灾，如棉、麻植物的引燃等，都适于选用。

不适于选用的场所有：正常情况下有烟的场所，经常有粉尘和水蒸汽等固体、液体微粒出现的场所，发火迅速、生烟极少及爆炸性场合。

(2) 光电式感烟探测器与离子式感烟探测器的适用场合基本相同，但它们也有不同特点。离子式感烟探测器对人眼看不到的微小颗粒同样敏感。对一些相对分子质量大的气体分子，也会使探测器发生动作。在风速过大的场合将引起探测器不稳定且其敏感元件的寿命较光电式感烟探测器的短。

(3) 对于有强烈的火焰辐射而仅有少量烟和热产生的火灾、液体燃烧等无阴燃阶段的火灾，应选用感光探测器。但不宜在火焰出现前有浓烟扩散的场所、探测器的镜头易被污染、遮挡的场所、探测器易受阳光或其他光源直接或间接照射的场所，以及在正常情况下有明火作业以及 X 射线、弧光等影响的场所中使用。

(4) 对使用、生产和聚集可燃气体或可燃液体蒸汽的场所，应选择可燃气体探测器。

(5) 感温型探测器在火灾形成早期、中期报警非常有效。因为其工作稳定，不受非火灾性烟雾、汽、尘等干扰，所以凡无法应用感烟探测器、允许产生一定量的物质损失、非爆炸性的场合都可采用感温探测器。感温型探测器特别适用于经常存在大量粉尘、烟雾、水蒸汽的场所及相对湿度经常高于 95％ 的房间(如厨房、锅炉房、发电机房、烘干车间和吸烟室等)，但不适用于有可能产生阴燃火的场所。其中：

● 定温型允许温度有较大变化，比较稳定，但火灾造成的损失较大。在 0℃ 以下的场所不宜选用。

● 差温型适用于火灾早期报警，火灾造成损失较小，但火灾温度升高过慢则无反应而漏报。

● 差定温型具有差温型的优点而又比差温型更可靠，所以最好选用差定温探测器。

另外，对于火灾形成特征不可预料的场所，可根据模拟实验的结果选择探测器。

各种探测器都可配合使用，如感烟与感温探测器的组合，适用于大中型计算机房、洁净厂房及有防火卷帘设施的地方。对蔓延迅速、有大量的烟和热产生、有火焰辐射的火灾，如油品燃烧等，宜选用三种探测器的配合。

总之，离子式感烟探测器具有稳定性好、误报率低、寿命长和结构紧凑等优点，因而得到广泛应用。其他类型的探测器，只在某些特殊场合作为上述探测器的补充才用到。

2) 根据房间高度选择探测器

试验说明，火灾探测器的类型与房间高度有很大关系。对不同高度的房间，可按表 3.3 要求选择。

表 3.3

房间高度 h/m	感烟探测器	感温探测器			火焰探测器
		一级	二级	三级	
$12 < h \leqslant 20$	不合适	不合适	不合适	不合适	合适
$8 < h \leqslant 12$	合适	不合适	不合适	不合适	合适
$6 < h \leqslant 8$	合适	合适	不合适	不合适	合适
$4 < h \leqslant 6$	合适	合适	合适	不合适	合适
$h \leqslant 4$	合适	合适	合适	合适	合适

10. 探测器数量的确定及布置

1) 探测器数量的确定

在实际应用中，探测区域内的建筑环境(如面积、高度、屋顶坡度、梁高等)不尽相同，每个房间应至少设置一个探测器。一个探测区域内所需设置的探测器的数量，应按下式计算：

$$N \geqslant \frac{S}{K \times A}$$

式中：N 为一个探测区域内所需设置的探测器的数量(个)，取整数；S 为一个探测区域内的地面面积(m^2)；A 为每个探测器的保护面积(m^2)；K 为安全修正系数，重点保护建筑取 0.7～0.9，非重点保护建筑取 1。

对于探测器来说，其保护面积及保护半径的大小除了与探测器的类型有关外，也受探测区域内的房间高度、屋顶坡度的影响。表 3.4 列出了感温探测器与感烟探测器的保护面积及保护半径。

表 3.4

火灾探测器的种类	地面面积 s/m^2	房间高度 h/m	探测器的保护面积 A 和保护半径 R					
			屋顶坡度 P					
			$P \leqslant 150°$		$15° < P \leqslant 30°$		$P \geqslant 30°$	
			A/m^2	R/m	A/m^2	R/m	A/m^2	R/m
感烟探测器	$s \leqslant 80$	$h \leqslant 12$	80	6.7	80	7.2	80	8.0
	$s > 80$	$6 < h \leqslant 12$	80	6.7	100	8.0	120	9.9
		$h \leqslant 6$	60	5.8	80	7.2	100	9.0
感温探测器	$s \leqslant 30$	$h \leqslant 8$	30	4.4	30	4.9	30	5.5
	$s > 30$	$h \leqslant 8$	20	3.6	30	4.9	40	6.3

例题 1：一地面面积为 30 m×40 m 的探测区域，选用感烟探测器进行保护，其顶棚坡度为 15°，房间高度为 8 m。求需要多少探测器？

解：根据使用条件从表中可知：$A=80$ m^2(数字区第 1 列第 2 行)，并取 $K=1$。

$$N = \frac{30 \times 40}{1 \times 80} = 15 只$$

即此房应安装 15 只感烟探测器。

2) 探测器的布置

在探测区域内，探测器的分布合理否，直接关系到探测效果的好坏。布置时首先必须保证在探测器的有效范围内，对探测区域能均匀覆盖。同时要求探测器距墙或梁的距离不小于 0.5 m，探测器间的距离 $D=2R$(有效半径)。

另外，火灾探测器在一些特殊的场合(如有房梁、顶棚为斜顶、顶棚较低、楼梯间、电梯井等)的安装及与一些别的设备在安装距离上都有一定的规则。

3.6.4　火灾报警控制器

火灾报警控制器是火灾自动报警系统的重要组成部分。在火灾自动报警控制系统中，火灾探测器是系统的感测部分，随时监视探测区域的情况。而火灾报警控制器则是系统的核心。

1. 功能

火灾报警控制器有以下功能：

(1) 向火灾探测器供电。

(2) 接收火灾探测器和手动报警按钮发送来的报警信号，同时启动声光火灾警报装置，并能显示火灾的具体部位、记录报警信息。

(3) 可通过自动消防灭火控制装置启动自动灭火设备和消防联动控制设备。

(4) 自动监视系统的运行情况,当有故障发生时能自动发出故障报警信号并同时显示故障点位置。

2．火灾报警控制器的分类

1) 按设计使用要求分类

按设计使用要求分为以下三类:

(1) 区域火灾报警控制器:直接连接火灾探测器,处理各种报警信息,它是组成自动报警系统最常用的设备之一。

(2) 集中火灾报警控制器:一般与区域火灾报警控制器相连,处理区域级火灾报警控制器送来的报警信号,常使用在较大型系统中。

(3) 通用火灾报警控制器:兼有区域、集中两级火灾报警控制器的双重特点。通过设置和修改某些参数(可以是硬件或软件方面),既可连接探测器作区域级使用,又可连接区域火灾报警控制器作集中级使用。

2) 按内部电路设计分类

按内部电路设计分为以下两类:

(1) 普通型火灾报警控制器:其电路设计采用通用逻辑组合形式,具有成本低廉、使用简单等特点,易于实现以标准单元的插板组合方式进行功能扩展,其功能一般较简单。

(2) 微机型火灾报警控制器:其电路设计采用微机结构,对硬件及软件程序均有相应要求,具有功能扩展方便、技术要求复杂、硬件可靠性高等特点,是火灾报警控制器的首选形式。

3) 按处理方式分类

按处理方式分为以下两类:

(1) 有域值火灾报警控制器:使用有域值火灾探测器,处理的探测信号为阶跃开关量信号,对火灾探测器发出的报警信号不能进一步处理,火灾报警取决于探测器。

(2) 无域值模拟量火灾报警控制器:基本使用无域值火灾探测器,处理的探测信号为连续的模拟量信号。其报警主动权掌握在控制器方面,可以具有智能结构,这是现代火灾报警控制器的发展方向。

4) 按系统连线方式分类

按系统连线方式分为以下两类:

(1) 多线制火灾报警控制器:其探测器与控制器的连接采用一一对应的方式,每个探测器至少有一根线与控制器连接,连线较多,仅适用于小型火灾自动报警系统。

(2) 总线制火灾报警控制器:探测器与控制器采用总线方式连接。所有探测器均并联或串联在总线上,一般总线数量为2～4根,具有安装、调试、使用方便的特点,工程造价较低的特点,适用于大型火灾自动报警系统。

5) 按结构形式分类

按结构形式分为以下三类:

(1) 壁挂式火灾报警控制器:其连接探测器回路数相应少一些,控制功能较简单。一般区域火灾报警控制器常采用这种结构。

(2) 台式火灾报警控制器:其连接探测器回路数较多,联动控制较复杂,操作使用方便,一般常见于集中火灾报警控制器。

(3) 柜式火灾报警控制器:可实现多回路连接,具有复杂的联动控制,集中火灾报警控制器属此类型。

6) 按防爆性能分类

按防爆性能分为以下两类:

(1) 防爆型火灾报警控制器:有防爆性能,常用于有防爆要求的场所。

(2) 非防爆型火灾报警控制器:无防爆性能,多用于民用建筑中。

7) 按使用环境分类

按使用环境分为以下两类:

(1) 陆用型火灾报警控制器:建筑物内或其附近安装的,是最常见的火灾报警控制器。

(2) 船用型火灾报警控制器:用于船舶、海上作业。其技术性能如工作环境温度、湿度、耐腐蚀、抗颠簸等要求高于陆用型火灾报警控制器。

3. 产品型号

产口型号见图3.13。

图 3.13

下面给出图3.13符号的物理意义及产品型号的字母表示。

Ⅰ:J—消防产品中的分类代号(火灾报警设备);

Ⅱ:B—火灾报警控制信号;

Ⅲ:应用范围特征代号:B—防爆;C—船用型;

Ⅳ:分类特征代号:D—单路;Q—区域;J—集中;T—通用,既可作集中报警,又可作区域报警;

Ⅴ:结构特征代号:CT—框式;T—台式;B—壁挂式;

Ⅵ:主参数:一般表示探测器的路数。

4. 火灾报警控制器的组成

火灾报警控制器由电源和主机两部分组成。

1) 电源部分

电源部分给主机和探测器提供高稳定度的电源,并有电源保护环节,使整个系统的技术性能得到保障。目前大多数控制器使用开关式稳压电源。

2) 主机部分

控制器的主机部分承担着将火灾探测源传来的信号进行处理、报警并中继的作用。从原理上讲,无论是区域报警控制器,还是集中报警控制器,都遵循同一工作模式,即收集探测源信号——输入单元——自动监控单元——输出单元。同时,为了使用方便,增加功能,增加了辅助入机接口——键盘、显示部分、输出联动控制部分、计算机通信部分和打印机部分等。如图3.14所示。

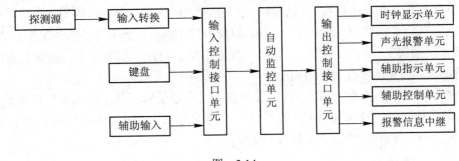

图　　3.14

5．报警控制器的基本功能

报警控制器的基本功能有以下八种：

(1) 主备电源：火灾报警控制器的电源应由主电源和备用电源互补的两部分组成。主电源为 220 V 交流市电，备用电源选用可充放电反复使用的各种蓄电池。当主电网有电时，控制器自动利用主电网供电，同时对电池充电。当主电网断电时，控制器会自动切换改用电池供电，以保证系统的正常运行。

(2) 火灾报警：当火灾探测器、手动报警按钮或其他火灾报警信号单元发出火灾报警信号时，控制器能迅速、准确地接收、处理，进行火灾声光报警，指出具体火警部位和时间。

(3) 故障报警：系统在正常运行时，控制器能对现场所有的设备及控制器自身进行监视，如有故障发生立即报警，并指示具体故障部位。

(4) 时钟单元功能：控制器本身提供一个工作时钟，用于对工作状态提供监视参考。

(5) 火灾报警记忆功能：当控制器收到探测器火灾报警信号时，能保持并记忆，不随报警信号源的消失而消失。同时也能继续接收、处理其他火灾报警信号。

(6) 火警优先：在系统出现故障的情况下出现火警，报警器能由报故障自动转变为报火警，而当火警被清除后又自动恢复报原有故障。

(7) 调显火警：当火灾报警时，数码管显示首次火警地址，通过键盘操作可调显其他的火警地址。

(8) 输出控制功能：火灾报警控制器具有最少一对以上的输出控制触点，用于火灾报警时的联动控制。

6．火灾报警控制器的技术指标

火灾报警控制器的技术指标有以下六项：

(1) 容量：指能够接收火灾报警信号的回路数，用"M"表示。

(2) 工作电压：工作状态时，电压可采用 220 V 交流电和 24～32 V 直流电(备用)。备用电源优先选用 24 V。

(3) 输出电压及允差：输出电压即供给火灾探测器使用的工作电压，一般为直流 24 V，此时输出电压允差不大于 0.48 V。输出电流一般应大于 0.5 A。

(4) 空载功耗：即系统处于工作状态时所消耗的电源功率。空载功耗表明了该系统的日常费用的高低，因此它的值是越小越好。同时要求系统处于工作状态时，每一报警回路的最大工作电流不超过 20 mA。

(5) 满载功耗：指当火灾报警控制器容量不超过 10 路时，所有回路均处于报警状态所消耗的功率；当容量超过 10 路时，20%的回路(最少按 10 路计)处于报警状态所消耗的功率。使用时要求在系统工作可靠的前提下，尽可能减小满载功耗，同时要求在报警状态时，每一回路的最大工作电流不超过 200 mA。

(6) 使用环境条件：使用环境条件主要指报警控制器能够正常工作的条件，即温度、湿度、风速和气压等项。要求陆用型环境条件为：温度为 10~50℃，相对湿度小于等于 92% (40℃)，风速小于 5 m/s，气压为 85~106 kPa。

3.6.5 火灾自动报警系统

1. 火灾自动报警系统的线制

这里所说的线制是指探测器和控制器之间的传输线的线数。按线制分，火灾自动报警系统分为多线制和总线制。

1) 多线制

这是早期的火灾报警技术，其特点是一个探测器构成一个回路，与火灾报警控制器连接。多线制分为四线制和二线制。

四线制即 n+4 制(见图 3.15(a))，n 为探测器数，4 指公用线数，分别为电源线 V(24V)、地线 G、信号线 S、自诊断线 T，另外每个探测器设一根选通线 ST。仅当某选通线处于有效电平时，在信号线上传送的信息才是该探测部位的状态信号。这种方式的优点是探测器的电路比较简单，供电和取信息相当直观。但缺点是线多，配管直径大，穿线复杂，线路故障多，现已被淘汰。

二线制即 n+1 线制，即一条是公用地线，另一条承担供电、选通信息与自检的功能，这种线制比四线制简化了许多，但仍为多线制。

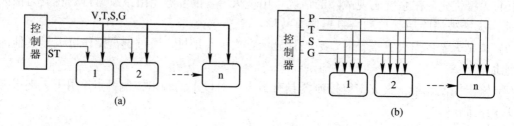

图 3.15

2) 总线制

采用地址编码技术，整个系统只用 2~4 根导线构成总线回路，所有的探测器相互并联。此种系统布线极其简单，施工量明显减少，现已被广泛采用。

四总线制见图 3.15(b)，P 线给出探测器的电源，编码、选址信号；T 线给出自检信号以判断探测部位或传输线是否有故障；控制器从 S 线上获得探测部位的信息；G 为公共地线，P、T、S、G 均为并联方式连接。由图可见，从探测器到报警器只用四根总线，由于总线制采用了编码选址技术，使控制器能准确地报警到具体探测部位，调试安装简化，系统的运行可靠性大大提高。

二总线制比四总线制又进了一步，用线量更少，但技术的复杂性和难度也提高了。二总线中的 G 线为公共地线，P 线则完成供电、选址、自检、获取信息等功能。目前，二总线制应用最多，新型智能火灾报警系统也建立在二总线的运行机制上。二总线系统有枝形和环形两种。

枝形接法接线如图 3.16(a)所示。采用这种接线方法时，如果发生断线，可以自动判断故障点。但故障点后的探测器不能工作。

环形接法接线如图 3.16(b)所示。这种接法要求输出的两根总线返回控制器另两个输出端子，构成环形。此种接线方式的优点在于当探测器发生诸如短路、断路等故障时，不影响系统的正常工作。

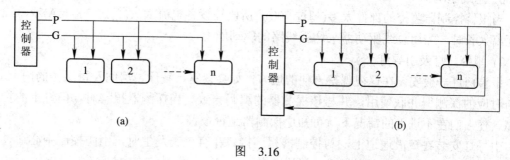

图　　3.16

2. 火灾自动报警系统的配套设备

1) 手动报警按钮

手动报警按钮安装在公共场所，当人工确认火灾发生后，按下按钮上的有机玻璃片，可向控制器发出火灾报警信号。控制器接收到报警信号后，显示出报警按钮的编号或位置并发出声光报警。每个防火分区应至少设置一个手动火灾报警按钮。从一个防火分区内的任何位置到最邻近的一个手动火灾报警按钮的距离不应大于 30 m。手动火灾报警按钮应设置在明显的和便于操作的部位。当安装在墙上时，其底边距地高度应为 1.3～1.5 m，且应有明显的标志。

2) 地址码中继器

如果一个区域内的探测器数量过多致使地址点不够用时，可使用地址码中继器来解决。在系统中，一个地址码中继器最多可连接 8 个探测器，而只占用一个地址点。当其中的任意一个探测器报警或报故障时，都会在报警控制器中显示，但所显示的地址是地址码中继器的地址点。所以这些探测器应该监控同一个空间。而不能将监控不同空间的探测器受一个地址码中继器控制。

3) 编址模块

(1) 地址输入模块：将各种消防输入设备的开关信号接入探测总线，来实现报警或控制的目的。适用于水流指示器、压力开关，非编址手动报警按钮、普通性火灾探测器等主动型设备。这些设备动作后，输出的动作开关信号可由编址输入模块送入控制器，产生报警。并可通过控制器来联动其他相关设备动作。

(2) 编址输入/输出模块：是联动控制柜与被控设备间的连接桥梁。能将控制器发出的动作指令通过继电器控制现场设备来实现，同时也将动作完成情况传回到控制器。它适用于排烟阀，送风阀、喷淋泵等被动型设备。

4) 短路隔离器

短路隔离器用在传输总线上。其作用是当系统的某个分支短路时，能自动将其两端呈高阻或开路状态，使之与整个系统隔离开，不损坏控制器，也不影响总线上其他部件的正常工作。当故障消除后，它能自动恢复这部分的工作，即将被隔离出去的部分重新纳入系统。

5) 区域显示器

区域显示器是一种可以安装在楼层或独立防火区内的火灾报警显示装置，用于显示来自报警控制器的火警及故障信息。当火警或故障送入时，区域显示器将产生报警的探测器编号及相关信息显示出来并发出报警，以通知失火区域的人员。

6) 总线驱动器

当报警控制器监控的部件太多(超过 200)，所监控设备电流太大(超过 200 mA)或总线传输距离太长时，需用总线驱动器来增强线路的驱动能力。

7) 报警门灯及引导灯

报警门灯一般安装在巡视观察方便的地方，如会议室、餐厅、房间及每层楼的门上端，可与对应的探测器并联使用，并与该探测器的编码一致。当探测器报警时，门灯上的指示灯亮，使人们在不进入的情况下就可知道探测器是否报警。

引导灯安装在疏散通道上，与控制器相连接。在有火灾发生时，消防控制中心通过手动操作打开有关的引导灯，引导人员尽快疏散。

声光报警盒是一种安装在现场的声光报警设备，分为编码型和非编码型两种。其作用是当发生火灾并被确认后，声光报警盒由火灾报警控制器启动，发出声光信号以提醒人们注意。

8) CRT 报警显示系统

CRT 报警显示系统是把所有与消防系统有关的平面图形及报警区域和报警点存入计算机内，火灾发生时能在显示屏上自动用声、光显示火灾部位及报警类型，发生时间等，并用打印机自动打印。

3. 传统型火灾报警系统

1) 区域报警系统

区域报警系统比较简单，操作方便，易于维护，使用面很广。它既可单独用于面积比较小的建筑，也可作为集中报警系统和控制中心系统中的基本组成设备。系统多为环状结构(见图 3.17 右侧所示)，也可为枝状结构(如图 3.17 左侧所示)，但是须加楼层报警确认灯。

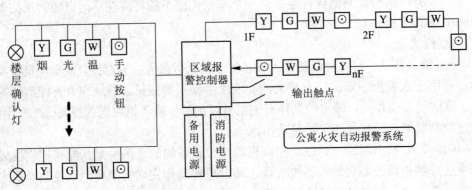

图　3.17

区域报警系统的设置应满足以下几点：

(1) 一个报警区域宜设置一台区域火灾报警控制器。

(2) 系统能设置一些功能简单的消防联动控制设备。

(3) 区域报警控制器应设置在有人值班的房间。

(4) 当该系统用于警戒多个楼层时，应在每层楼的楼梯口和消防电梯前等明显部位设置识别报警楼层的灯光显示装置。

(5) 区域火灾报警控制器安装在墙壁上时，其底边距地面高度宜为 1.3～1.5 m，其靠近门轴的侧面距墙不应小于 0.5 m，正面操作距离不应小于 1.2 m。

2) 集中报警系统

集中报警系统由集中报警控制器、区域报警控制器、火灾探测器、手动报警按钮及联动控制设备、电源等组成。随着计算机在火灾报警系统中的应用，带有地址码的火灾探测器、手动报警按钮、监视模块、控制模块，都可通过总线技术将信息传输给报警控制器并实现联动控制。图 3.18 为使用总线技术并带有联动控制功能的集中报警控制系统。

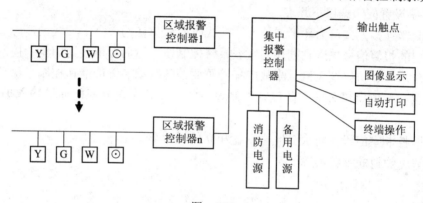

图　3.18

集中报警控制系统的设置应符合以下要求：

(1) 系统应设有一台集中报警控制器和两台以上区域报警控制器(或区域显示器)。

(2) 系统中应设置消防联动控制设备。

(3) 集中报警控制器应能显示火灾报警的具体部位，并能实现联动控制。

(4) 集中报警控制器应设置在有人值班的消防控制室或专用房间内。

3) 控制中心报警系统

控制中心报警系统的设计，应符合下列要求：

(1) 系统中至少应设置一台集中火灾报警控制器、一台专用消防联动控制设备和两台及两台以上区域火灾报警控制器；或者至少设置一台火灾报警控制器、一台消防联动控制设备和两台及两台以上区域显示器。

(2) 系统应能集中显示火灾报警部位信号和联动控制状态信号。

(3) 系统中设置的集中火灾报警控制器或火灾报警控制器和消防联动控制设备在消防控制室内的布置，应符合本规范的规定。

控制中心报警系统多用在大型建筑群、大型综合楼、大型宾馆、饭店及办公室等处，控制中心设置集中报警控制器、图形显示设备、电源装置和联动控制器，与控制中心相连的受控设备有区域报警控制器、火灾探测器和手动报警按钮等。图 3.19 所示为系统示意图。

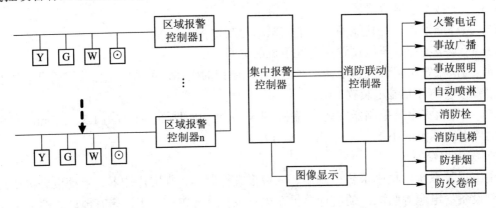

图　3.19

有的厂家报警控制器允许一定数量的控制模块进入报警控制总线，不用单独设置联动控制器。系统设置应注意以下几点：

(1) 探测器连接方式可为环形或枝形，接线时应避免在同一点上汇线过多。

(2) 每层的报警信号先送到同层的区域报警控制器，然后经母线送到集中控制器。

(3) 消防水泵、防排烟风机、事故广播等重要消防联动装置应能在控制室手动控制。

(4) 设置在控制室以外的消防联动控制设备的动作状态信号应能通过输入模块送到控制室。

(5) 消防控制室应设有防火分区指示盘和立体模拟盘。

4．智能火灾自动报警系统

1) 智能集中于探测部分

控制部分为一般开关量信号接收型控制器。在这类系统中，探测器内的微处理器能根据其探测环境的变化做出响应，并可自动进行补偿，能对探测信号进行火灾模式识别，做出判断并给出报警信号，在确定自身不能可靠工作时给出故障信号。控制器在火灾探测过程中不起任何作用，只完成系统的供电、火警信号的接收、显示、传递以及联动控制等功能。这种智能因受到探测器体积小等的限制，智能化程度尚处在一般水平，可靠性不高。

2) 智能集中于控制部分

智能集中于控制部分又称主机智能系统，探测器输出模拟量信号。它取消了探测器的阈值比较电路，使探测器成为火灾传感器，无论烟雾影响大小，探测器本身不报警，而是将烟雾影响产生的电流、电压变化信号以模拟量(或等效的数字编码)形式传输给控制器(主机)，由控制器的微型计算机进行计算、分析、判断并做出智能化处理，判别是否真正发生火灾。

这种系统的主要优点是：灵敏度信号特征模型可根据探测器所在环境特点来设定；可补偿各类环境干扰和灰尘积累对探测器灵敏度的影响，并能实现报警功能；主机采用微处理机技术，可实现时钟、存储、密码、自检联动和联网等多种管理功能；可通过软件编辑实现图形显示、键盘控制、翻译等高级扩展功能。由于整个系统的监视、判断功能不但全部要控制器完成，而且还要一刻不停地处理成百上千个探测器发回的信息，因此，出现系统程序复杂、量大及探测器巡检周期长，势必造成探测点大部分时间失去监控、系统可靠性降低和使用维护不便等缺点。

　　3) 智能同时分布在探测器和控制器中

　　这种系统称为分布智能系统，它实际上是主机智能与探测器智能两者相结合的，因此也称为全智能系统。在这种系统中，探测器具有一定的智能，它对火灾特征信号直接进行分析和智能处理，做出恰当的智能判决，然后将这些判决信息传递给控制器。控制器再做进一步的智能处理，完成更复杂的判决并显示判决结果。

　　分布智能系统是在保留智能模拟量探测系统优势的基础上形成的，探测器与控制器是通过总线进行双向信息交流的。控制器不但收集探测器传来的火灾特征信号，分析判决信息，而且对探测器的运行状态进行监视和控制。由于探测器有了一定的智能处理能力，因此控制器的信息处理负担大为减轻，可以实现多种管理功能，提高了系统的稳定性和可靠性。并且，在传输速率不变的情况下，总线可以传输更多的信息，使整个系统的响应速度和运行能力大大提高。由于这种智能报警系统集中了上述两种系统中智能的优点，因此必将成为火灾报警技术的发展方向。

3.7　灭火与联动控制系统

　　消防联动控制对象有灭火设施、火灾事故广播、消防通信、防排烟设施、防火卷帘、防火门、电梯和非消防电源的断电控制等。

3.7.1　自动喷淋灭火系统

　　自动喷水灭火属于固定式灭火系统，是目前世界上较为广泛采用的一种固定式消防设施，它具有价格低廉、灭火效率高等特点。能在火灾发生后，自动地进行喷水灭火，并能在喷水灭火的同时发出警报。在一些发达国家的消防规范中，几乎所有的建筑都要求使用自动喷水灭火系统。在我国，随着建筑业的快速发展及消防法规的逐步完善，自动喷水灭火系统也得到了广泛的应用。

　　1. 自动喷水灭火系统的分类

　　(1) 湿式喷水灭火系统。

　　(2) 室内消防栓灭火系统。

　　(3) 干式喷水灭火系统。

　　(4) 干湿两用灭火系统。

　　(5) 预作用喷水灭火系统。

　　(6) 雨淋灭火系统。

　　(7) 水幕系统。

　　(8) 水喷雾灭火系统。

　　(9) 轻装简易系统。

　　(10) 泡沫雨淋系统。

　　(11) 大水滴(附加化学品)系统。

　　(12) 自动启动系统。

下面以湿式喷水灭火系统为例，介绍其结构组成及工作原理。

2．湿式自动喷水灭火系统的主要部件

湿式自动喷水灭火系统是一种应用广泛的固定式灭火系统。该系统管网内充满压力水，长期处于备用工作状态，适用于 4～70℃ 环境温度中使用。当保护区域内某处发生火灾时，环境温度升高，喷头的温度敏感元件(玻璃球)破裂，喷头自动启动系统将水直接喷向火灾发生区域，并发出报警信号，以达到报警、灭火、控火的目的。

湿式喷水灭火系统主要由以下几部分构成。

(1) 水箱：在正常状态下维持管网的压力，当火灾发生的初期给管网提供灭火用水。

(2) 水力警铃：用于湿式、干式、干湿两用式、雨淋和预作用自动喷水灭火系统中，是自动喷水灭火系统中的重要部件。当火灾发生时，由报警阀流出带有一定压力的水驱动水力警铃报警。警铃流量等于或大于一个喷头的流量时立即动作。

(3) 湿式报警阀：安装在总供水干管上，连接供水设备和配水管网，一般采用止面阀的形式。当管网中有喷头喷水时，就破坏了阀门上下的平衡压力，使阀板开启接通水源和管网。同时部分水流通过阀座上的环形槽，经信号管道送至水力警铃，发出音响报警信号。

(4) 消防水泵结合器：用于给消防车提供供水口。

(5) 控制箱：在控制室内安装，用于接收系统传来的电信号及发出控制指令。

(6) 压力罐：用于自动启闭消防水泵。当管网中的水压过低时，与压力罐连接的压力开关发出信号给控制箱，控制箱接到信号后发出指令启动消防泵给管网增压。当管网水压达到设定值后消防水泵停止供水。

(7) 消防水泵：给消防管网中补水用。

(8) 闭式喷头：可分为易溶金属式、双金属片式和玻璃球式三种，其中以玻璃球式应用最多；正常情况下，喷头处于封闭状态。当有火灾发生且温度达到动作值时喷头开启喷水灭火。

(9) 水流指示器：其动作原理是，当水流指示器感应到水流动时，其电触点动作，接通延时电路(延时 20～30 s)。延时时间到后，通过继电器触发，发出声光信号给控制室，以识别火灾区域。

(10) 压力开关：是自动喷水灭火系统的自动报警和控制附件，它能将水压力信号转换成电信号。当压力超过或低于预定工作压力时，电路就闭合或断开，输出信号至火灾报警控制器或直接控制启动其他电气设备。

(11) 延时器：是一个罐式容器，安装在报警阀与水力警铃之间。用以对由于水源压力突然发生变化而引起的报警阀短暂开启，或对因报警阀局部渗漏而进入警铃管道的水流起一个暂时容纳的作用。从而避免虚假报警。只有真正发生火灾时，喷头和报警阀相继打开，水流源源不断地大量流入延时器，经 30 s 左右冲满整个容器，然后冲入水力警铃报警。

(12) 试警铃阀：用于人工测试。打开试警铃阀泻水，使报警阀自动打开，水流充满延迟器后可使压力开关及水力警铃动作报警。

(13) 放水阀：用于检修时放空管网中余水。

(14) 末端试水装置：设在管网末端，用于自动喷水灭火系统等流体工作系统中。该试水装置末端接相当于一个标准喷头流量的接头，打开该试水装置，可进行系统模拟试验调试。利用此装置可对系统进行定期检查，以确定系统是否能正常工作。

3. 湿式喷水灭火系统工作原理

当发生火灾时，温度上升，喷头上装有热敏液体的玻璃球达到动作温度时，由于液体的膨胀而使玻璃球炸裂，喷头开始喷水灭火。喷头喷水导致管网的压力下降，报警阀后压力下降使阀板开启，接通管网和水源以供水灭火。报警阀动作后，水力警铃经过延时器的延时(大约 30 s)后发出声报警信号。管网中的水流指示器感应到水流动时，经过一段时间20～30 s 的延时，发出电信号到控制室。当管网压力下降到一定值时，管网中压力开关也发出电信号到控制室，启动水泵供水。

湿式喷水灭火系统动作程序如图 3.20 所示。

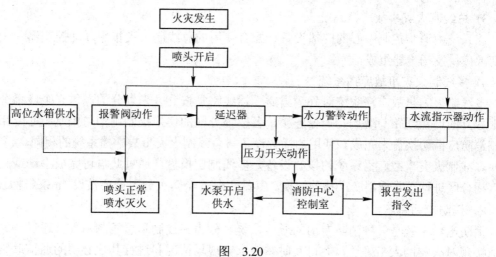

图　3.20

3.7.2　火灾事故广播与消防电话系统

消防控制中心应设置火灾事故广播系统与消防电话系统专用柜，其作用是发生火灾时指挥现场人员进行疏散并向消防部门及时报警。

1. 火灾事故广播系统

火灾事故广播系统按线制可分为总线制火灾事故广播系统和多线制火灾事故广播系统。其设备包括音源、前置放大器、功率放大器及扬声器，各设备的工作电源由消防控制系统提供。

1) 扬声器的设置要求

(1) 在民用建筑内扬声器设置在走道和大厅等公用场所，其设置应保证在防火区域的任一位置到最近一个扬声器的距离不大于 25 m。

(2) 每个扬声器的额定功率不小于 3 W。客房设置的扬声器，功率一般不小于 1 W。

(3) 在环境噪声大的工业场所设置的扬声器，在其播放范围内最远点的声压级应高于背景噪声 15 dB。

2) 其他要求

(1) 火灾事故广播系统的线路应独立敷设并有耐热保护。不应和其他线路同槽或同管敷设。

(2) 火灾事故广播与背景音乐或其他广播系统合用时，应符合下列要求：

● 火灾时应能在消防控制室将火灾疏散层的扬声器和公共广播扩音机强制转入火灾应急广播状态。

● 消防控制室应能监控用于火灾应急广播时的扩音机的工作状态，并应具有监控遥控开启扩音机和采用传声器播音的功能。

● 床头控制柜内设有服务性音乐广播扬声器时，应有火灾应急广播功能。

● 应设置火灾应急广播备用扩音机，其容量不应小于火灾时需同时广播的范围内火灾应急广播扬声器最大容量总和的 1.5 倍。要求在火灾事故广播时能够强行切入，并同时中断其他音源的传输。

3) 总线制火灾事故广播系统

该系统由消防控制中心的广播设备、配合使用的总线制火灾报警联动控制器、消防广播切换模块及扬声器组成。

4) 多线制火灾事故广播系统

多线制火灾事故广播系统对外输出的广播线路是按分区来划分的，每一个广播分区由两根独立的广播线路与现场扬声器连接，各广播分区的切换控制由消防控制中心专用的多线制消防广播切换盘来完成。使用的播音设备与总线制火灾事故广播系统的相同。

多线制火灾事故广播系统的核心设备是多线制切换盘，通过此盘可完成手动或自动对各广播分区进行正常或消防广播的切换。其缺点是 n 个防火分区需要敷设 2n 条广播线路。

2. 消防电话系统

消防电话系统是一种消防专用的通信系统，分为多线制和总线制两种。通过该系统可迅速实现对火灾的人工确认，并可及时掌握火灾现场情况和进行其他必要的通信联络，便于指挥灭火及恢复工作。

1) 消防电话系统的设置安装要求

该系统的具体设置安装要求为：

(1) 消防专用电话网络应为独立的消防通信系统。

(2) 控制室应设置消防专用电话总机，且宜选择共电式电话总机或对讲通信电话设备。

(3) 应设置消防专用电话的部位为：消防水泵房、备用发电机房、配变电室、主要通风和空调机房、排烟机房、消防电梯机房及其他与消防联动控制有关的且经常有人值班的机房；灭火控制系统操作装置处或控制室；企业消防站、消防值班室和总调度室。

(4) 设有手动火灾报警按钮、消火栓按钮等处宜设置电话塞孔。电话塞孔在墙上安装时，其底边距地面高度应为 1.3～1.5 m。

(5) 特级保护对象的各避难层应每隔 20 m 设置一个消防专用电话分机或电话塞孔。

(6) 消防控制室、消防值班室或企业消防站等处，应设置可直接报警的外线电话。

2) 总线制消防电话系统

该系统由火灾报警控制器、总线制消防电话主机、现场电话分机、电话专用模块及电话插孔组成。系统的主要功能为：

(1) 分机可呼叫主机，无需拨号，通过主机允许可以与主机通话。

(2) 主机可呼叫任一分机，分机之间通过主机允许也可互相通话。

(3) 电话插孔可以任意扩充。

(4) 摘下固定分机或将电话分机插入插孔都视为分机呼叫主机。

(5) 主机呼叫固定分机可通过报警控制器启动。

(6) 可通过相应的模块来实现分机振铃振动。

3) 多线制消防电话系统

多线制消防电话系统的控制核心是多线制消防电话主机。按实际需要的不同，主机的容量也不同。在系统中，每一部固定消防电话分机占用消防电话主机的一路，采用独立的两根线与主机相连。

电话插孔可并联使用，并联的数量不限。并联的电话插孔仅占消防电话主机的一路，也采用独立的两根线与主机相连。

3.7.3　防排烟系统

防排烟系统在整个消防联动控制系统中的作用非常重要。在火灾事故中造成的人身伤害，绝大部分是因为窒息而造成的。而且燃烧产生的大量烟气如不及时排除，还可影响人们的视线，使疏散的人群不容易辨别方向，容易造成不应有的伤害，同时也影响消防人员对火场环境的观察及灭火措施的准确性，降低灭火效率。

在建筑物中采用的防烟和排烟方式有自然排烟、机械排烟、自然与机械组合排烟以及机械加压送风方式防烟等几种。其中自然排烟是利用室内外空气对流作用进行的，它具有设备简单、节约能源等优点，但排烟效果受外界环境的影响很大。而机械防排烟方式则不受外界环境的影响。

一般来讲，防排烟设施有中心控制和模块控制两种方式。下面以机械排烟为例对这两种方式加以说明。

1. 机械排烟系统的中心控制方式

中心控制方式的排烟控制框图如图 3.21(a)所示。火灾发生时，火灾探测器动作，将报警信号送入到消防控制中心。消防控制中心产生控制信号到排烟阀门使其开启，排烟风机联动运行。消防控制中心也输出控制信号到空调机、送风机、排风机等设备，使它们关闭。消防控制中心在发出控制信号的同时也接收各设备的返回信号，检测各设备的运行情况。

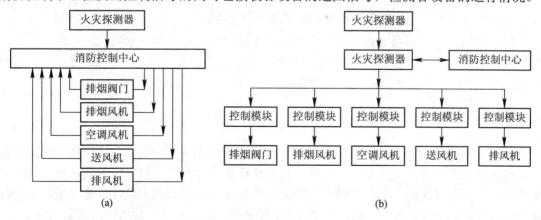

图　3.21

2. 机械排烟系统的模块控制方式

模块控制方式的排烟控制框图如图 3.21(b)所示。消防控制中心接到报警信号，产生排烟阀门和排烟风机等的动作信号，经总线和控制模块驱动各设备动作，接收它们的返回信号，监测各设备的运行状态。

3.7.4　防火卷帘门控制

防火卷帘应设置在建筑物中防火分区通道口处，形成门帘式防火分隔。火灾发生时，可就地手动操作或根据消防控制中心的指令使卷帘下降至预定点，经延时再降至地面。以达到人员紧急疏散、灾区隔烟和控制火势蔓延的目的。消防控制设备对防火卷帘的控制，应符合下列要求。

(1) 疏散通道上的防火卷帘两侧，应设置火灾探测器组及其警报装置，且两侧应设置手动控制按钮。

(2) 疏散通道上的防火卷帘，在感烟探测器动作后，应根据程序自动控制卷帘下降至距地(楼)面 1.8 m 或者卷帘下降到底。

(3) 用作防火分隔的防火卷帘，火灾探测器动作后，卷帘应下降到底。

(4) 感烟、感温火灾探测器的报警信号及防火卷帘的关闭信号应送至消防控制室。

(5) 火灾报警后，消防控制设备对防烟、排烟设施应有下列控制、显示功能。

● 停止有关部位的空调送风，关闭电动防火阀，并接收其反馈信号。

● 启动有关部位的防烟和排烟风机、排烟阀等，并接收其反馈信号。

● 控制挡烟垂壁等防烟设施。

3.7.5　消防电梯

电梯是高层建筑中必不可少的纵向交通工具，而消防电梯则在火灾发生时可供消防人员灭火和救人使用，并且在平时消防电梯也可兼做普通电梯使用。火灾时，普通电梯由于供电电源没有把握，没有特殊情况不能使用。电梯的控制方式有两种：

(1) 将所有电梯控制显示的副盘设在消防控制室，供消防人员直接操作。

(2) 消防控制室自行设计电梯控制装置，消防值班人员在火灾发生时可通过控制装置向电梯机房发出火灾信号和强制电梯全部停于首层的命令。

每个建筑物内消防电梯数量的多少是根据建筑物的层建筑面积来确定的，通常当层建筑面积不超过 1500 m² 时，设置一台消防电梯；层建筑面积在 1500～4500 m² 之间时，需设置两台消防电梯；当层建筑面积大于 4500 m² 时，应设置三台消防电梯。

3.7.6　消防供电

火灾自动报警与消防联动控制系统的特点是连续工作，不能间断。这就要求消防设备的供电系统应该能够保证供电的可靠性。只有这样才能充分发挥消防设备的功能，及时发现火情，将火灾造成的损失降到最小。在高层建筑或一、二级电力负荷，通常采用单电源或双电源的双回路供电方式，用两个 10 kV 电源进线和两台变压器构成消防主供电电源。

(1) 一类建筑消防供电电源。一类建筑消防设备的供电系统如图 3.22 所示。

图 3.22(a)表示两条不同的电网构成双电源，两个电源之间装有一组分段开关，形成"单母线分段制"。在任一条电源进线发生故障或进行检修而被切除后，可以闭合分段开关由另

一条电源进线对整个系统供电。分段开关通常是闭合的。

图 3.22(b)表示采用同一电网双回路电源,两个变压器之间采用单母线分段,设置一组发电机组作为向消防设备供电的应急电源,应满足一级负荷要求。

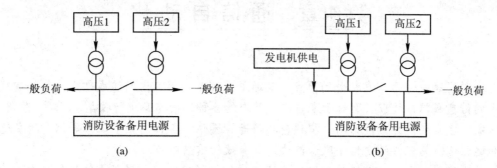

图　3.22

(2) 二类建筑消防供电电源。二类建筑消防设备的供电系统如图 3.23 所示。

通常要求两回路供电,图 3.23(a)表示双回路供电;图 3.23(b)表示由外部引来一路低压电源,与本部门电源互为备用。二类建筑的消防供电系统要求当电力变压器出现故障或电力线路出现常见故障时不致中断供电。

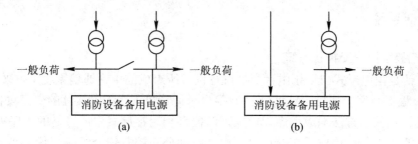

图　3.23

(3) 备用电源自动投入。自动使两路电源互为备用。正常情况下,两台变压器分别运行,若 I 段母线失压(或 1 号回路掉电),通过自动投入装置使 I 段母线通过 II 段母线接受 2 号回路的电源供电,完成自动切换任务。

第4章　通信自动化

　　智能建筑作为信息社会的节点，其通信系统是必不可少的组成部分。智能建筑中的信息通信系统应具有对于来自建筑物内外各种不同信息进行收集、处理、存储、传输和检索的能力，能为用户提供包括语音、图像、数据乃至多媒体等信息的本地和远程传输的完备的通信手段和最快、最有效的信息服务。

　　智能建筑中的信息通信系统包括语音通信、数据通信、卫星通信和多媒体通信等四个部分。

4.1　语音通信和传真

4.1.1　电话系统

1. 程控数字用户交换机系统

　　程控电话是由电子式自动化电话交换机等设备所组成的电话通信系统。它兴起于20世纪70年代。程控数字交换机(PABX)是由数字电子计算机程序控制接续的交换设备，即把各种控制功能、步骤、方法编成程序，放入存储器，利用存储器中所存储的程序来控制整个电话交换机的工作。程控电话交换机主要由话路部分和控制部分组成，其话路部分与纵横制交换机的话路部分相似，而控制部分则是一台电子计算机，包括中央处理机、存储器和输入/输出设备。程控电话具有体积小、重量轻、可靠性高、接续速度快、服务功能齐全、便于维护管理、便于向综合业务数字网方向发展等优点，已成为目前城市电话通信建设的主要设备。

　　程控数字交换机按用途可分为市话、长话和用户交换机。程控数字用户交换机系统是集数字通信技术、计算机技术、微电子技术为一体的一个高度模块化设计的全分散控制系统。它的软、硬件均采用模块化设计，通过增加不同的功能模块即可在智能建筑中实现话音、数据、图像、窄带、宽带等多媒体业务以及移动通信业务的综合通信。

　　常见的程控数字交换机系统具备以下功能(视产品不同而略有差异)。

　　(1) 多种出入局方式：外线打入方式分为直拨分机、总机转接两种，分机打外线可免拨"0"出局。

　　(2) 中继分组与中继限时：中继可分为10组，使不同部门使用不同外线，或将外线设置成只入不出模式；可限制长时间通话。

　　(3) 热线服务：外线呼入遇分机忙或久不应答时，系统语音信箱会再次送出语音提示，外线用户可再次拨号或转接到热线上。

(4) 多等级电话限拨：限制分机拨打国际、国内长途及信息台、市话和内部分机，限制外线电话呼入分机。

(5) 计费管理：押金控制；多时段计费；内部通话也可计费，防止上班时间电话闲聊；大容量话单储存；完善的防盗打措施；支持账号漫游与锁定(可在任何分机上拨打或只能固定在某分机上拨打)。

(6) 语音信箱与电脑话务员：可留言，可查询。

(7) 电话会议：支持多组会议。

(8) 维护功能：远端维护技术、强大的自检功能以及断电自启功能等。

(9) 常见的其他功能还有：闹钟服务(并报时)，离位转移，忙时代接，遇忙回叫，总机代查恶意电话，免打扰，呼叫保护，强插等。

2．移动通信

移动通信是通信的一方或双方在移动中利用无线电波实现的通信。它包括移动台(在汽车、火车、飞机、轮船等移动体上)与另一移动台之间的通信。移动通信系统包括移动电台、控制终端、无线入网交换、计算机集中控制等并可与公用电话网连接，是在城市中特别是大城市中被广泛使用的一种方便灵活的通信手段。蜂窝移动通信系统是 20 世纪 80 年代发展起来的小区制大容量公用移动通信系统。它是目前发展最为迅速的移动通信系统，具有容量大、覆盖区域广、功能齐全、可提供呼叫转移、三方通话、遇忙回叫、无人接话自动转移、追查恶意呼叫等新的服务项目，并具有自动诊断、维护方便、性能可靠、小型轻便、低功耗等特点。

典型案例是手机、小灵通等，通信协议有 GSM，WAP，GPRS，CDMA 等。

3．无线寻呼

1) 公共无线寻呼系统

公共无线寻呼系统是单方向传递信息的个人选择呼叫系统。该寻呼系统一般面向公共提供服务。它是电话、移动交换网的延伸和补充，由寻呼中心的编码控制设备、无线电发信站和用户随身携带的寻呼机(又称 BP 机)组成。无线寻呼有人工和自动两种汇接方式。人工汇接是指通过无线寻呼服务台受理无线寻呼业务。我国无线寻呼服务台最初的特种业务电话号码规定为 "126/129/199"。受理业务时，话务员根据告知的持机者的寻呼号码和要转达的信息，通过键盘和终端设备，把信息送给编码控制设备的计算机，经过信息处理由无线信道发送出去，通知寻呼机主人。自动寻呼是指用户用电话直接发送信号，经过专用程控小交换机自动转接处理并发送出去。自动寻呼不仅具有人工寻呼的全部功能，还发展了许多如客户留言信箱、语音留言提取等新的功能。

2) 无线对讲系统

多个无线对讲机设置于同一个微波频段，可以实现一人讲、大家听。其通信范围有限，一般只有几千米(理论上，在海平面可达 50 km)。

3) 小集群无线寻呼系统

小集群无线寻呼系统是小区域内的无线寻呼和对讲系统的集合，通过设立微波发射塔，支持一个较大范围的无线对讲和寻呼功能。一般为私用，如集团企业的保安对讲系统和公安局的对讲系统。

4．数字多功能电话

1) 磁卡电话

磁卡电话是 20 世纪 70 年代后期开始使用的新型公用电话。它主要解决了电话自动收费问题。磁卡电话集中了计算机、通信、电磁学的先进技术，具有使用方便、灵活，易于集中维护管理，更改费率方便，保密，可防伪造，可靠耐用等优点。使用磁卡电话时，用户先摘下受话器，插入磁卡，话机自动检验卡片上的面值，并显示其余额数目(尚能通话的次数或金额)。当判明卡片上的余额还够通话所需的起码金额时，便接通线路，用户听到拨号音后即可拨号。被叫用户取起话机时，交换机送给磁卡电话机一个反馈信号，起动磁卡读数机读数(即开始抹去磁卡片上记录的钱数)。通话过程中读数机不停地工作，并不断显示卡片上的余额，直到用户挂机。当余额不够下一个资费单位时，磁卡话机会提前 15~25 s 显示"0"且不断闪动，同时伴有声音警告。此时用户需要更换卡片，否则通话便被自动切断。通话完毕，磁卡话机在磁卡原有余值中自动扣除本次通话费用并写上新的余值，然后自动退出磁卡片，并发出取卡提示音。

2) 投币电话

投币一次，容许一次计费额度的通话时间，即可开始拨打电话。

3) IP 电话

在发话用户端局，把通话的模拟语音信号转换成数字信号，经 Internet 的 TCP/IP 协议到受话用户端局，再把数字信号还原成原先的模拟语音信号，送到受话用户的话机上。由于 TCP/IP 支持大量并发送传输，提高了通信容量，避免了每次通话的虚电路连接，因而 IP 电话成本很低，这使得 IP 电话的资费大大降低。但通话质量有损害，尤其在 Internet 链路拥挤时，延滞严重。目前还可通过两端的 VOIP 语音网关实现 IP 电话。

4) 可视电话

可视电话是通话双方在通话时，能同时见到对方图像的电话。可视电话应在能传输声音和图像的通信网上传输，所以综合业务数字网是可视电话的最佳传输途径。

4.1.2 图文通信系统

图像通信与文字通信相结合产生了图文通信。它是近 10 多年来发展起来的新型综合通信业务。它将卫星通信、计算机、电话、电视技术结合在一起形成了开放式的信息服务系统。通常由信息处理中心、数据库、电话网(或数据网)和用户终端设备组成，实现最大范围的信息资源共享。利用可视图文系统可以传送或接收文本文件和图像信息，用户也可以与数据库进行通信。可视图文分为交互型、广播型和计算与信息处理型。目前应用广泛的是第一种。图文通信主要是传送文字和图像信号。传统的文字通信有用户电报、传真通信、电子信箱(E-mail)三种方式。

1．用户电报

用户电报具有与电话通信相似的直接通信和处理问题的特点，只不过用电传打字机代替电话机，用文字代替语音进行通信。与电话比较，用户电报的传输成本较低，双方来去通信均有文字记录可查。当收报用户不在时，发报用户也可以自动启动对方电传打字机收报，这对于有时差的国际间的电报通信十分方便。但目前已基本上被传真通信淘汰了。

2. 传真通信

传真通信是利用扫描技术，通过电话电路实现远距离精确传送固定的文字和图像等信息的通信技术。形象地说，这是一种远距离复印技术。当今各种用途、形式的传真机相继问世，如磁盘信息传真机、电脑录像传真机、立体现场传真机、信息查询传真机、仿真传真机、彩色传真机、便携式传真机、家用传真机等等。

3. 电子信箱

电子信箱(或电子邮件)是一种基于计算机网络的信息传递业务。消息可以是一般的电文、信函、数字传真、图像、数字化话音或其他形式的信息。按处理的信息不同，分为话音邮箱、电子邮箱和传真邮箱等。这种业务的特点是在通信过程中不要求收信人在场，也不需要将每一个收到的信息都以拷贝的形式出现，可具有转发和同时向多个用户发送消息的能力，可以进行迟延投递、加密处理等，避免了用户占线和无人应答等问题。

交互型可视图文是一种双向通信业务，用户可直接通过菜单检索等方式向数据库索取各种数据资料，如查询新闻、法律、文化艺术、体育消息、市场动态、科技资料、图书情报、火车时刻、飞机航班、天气预报、电话号码等；也可在索取信息的同时，修改数据库的内容，进行"既读又写"的操作，如银行储蓄、电子购物、预订票证、旅馆登记、证券交易等。广播型可视图文是一种单向通信业务，利用广播电视信号空隙传送文字或图形，既可与电视节目同时收看，也可单独收看。计算机与信息处理型可视图文是用户要求服务主机提供用户本身难以完成的计算机或特殊处理功能，如大型科学计算、大型数据处理、复杂翻译、各类专家咨询系统等。

4.1.3 综合语音信息平台系统

综合语音信息平台系统是一个完全对用户开放的组合结构系统，它可由用户根据需求自主选择系统的配置、容量和模块，从而实现自动话务台转接、语音信箱、传真信箱、声讯信息及图文信息自动发布、公共信箱服务等多种电信服务功能。它将话音、图形及数字等各种不同形式的信息存入系统中，以供用户通过电话机、传真机及计算机等输入/输出终端得出多种信息服务。该系统提高了电话通信线路的利用率和接通率，促进了语音信息、图文传真信息的交流传播，是实现智能建筑中通信自动化和办公自动化的一种新型的现代化通信工具。

1. 语音信箱系统

语音信箱系统利用电子计算机技术和语音处理技术，将系统中无人应答或占线的电话信号，经过语音频带压缩转换成数字信号，存入语音信箱的计算机存储器内。事后用户通过使用电话机对语音信箱系统进行操作，便可从中检索、提取、还原清晰、逼真的语音信息。语音信箱系统的功能如下所述：

(1) 将语音信箱系统与程控交换机相连，系统便具有电脑话务台应答与转接功能。当被叫用户电话忙或缺席时，系统将主叫用户自动转接到被叫用户的信箱，并提示其留言或留下电话号码。

(2) 语音信箱还具有自动应答功能，可根据用户在各自信箱内预先录制的电话号码或寻呼机、移动电话号码进行留言，跟踪呼叫。

(3) 语音信箱系统的用户可根据自己设定的密码，在任何时候、任何地点通过电话机打开自己的个人信箱，听取留言。每个用户信箱可以自设拥有者的姓名、引导词，设定呼叫转移功能和唤醒时间。

2．电话信息服务系统

电话信息服务是利用数据库技术，将大量的各类社会信息收集、存储起来，通过公用电话用户提供语音形式的信息查询服务，使信息为用户服务。

电话信息服务可分为人工方式和自动方式两种。

3．传真信箱系统

传真信箱系统将输入信箱的传真文件经过数字化处理及压缩编码处理后，存入计算机数据库中。使用者可以通过普通的传真机随时随地直接索取信箱中的资料，或通过普通电话机，输入指定的传真机号间接索取信箱中的文件。传真信箱系统还具有呼叫转移和接通转移的功能，即在收到传真文件后可根据用户预先设定的电话号码通知用户，或根据用户预先设定的传真机号自动转移到用户自己的传真机上。

4.2　有线通信系统

智能建筑内的有线通信系统主要包括电话系统、电视系统、计算机网络系统。关于 BAS、SAS、FAS 所需的监测、控制通信系统本节不涉及。

4.2.1　计算机网络

计算机网络系统是智能大厦的重要基础设施之一。3A 或 5A 功能是通过大厦内变配电与照明、保安、电话、卫星通信与有线电视、局域网、广域网、给排水、空调、电梯、办公自动化与信息管理等众多的子系统集成的。所有这些独立的或相互交叉的子系统均置于楼宇控制中心，都需构筑在计算机网络及通信的平台上。

在一座现代化大楼或楼群内，要建设计算机网络系统，必须根据大楼组成与功能、信息需求、信息来源、信息种类以及信息量大小、今后发展等情况进行详细的系统调查和需求分析，然后进行总体设计。包括对计算机网络系统的组成、拓扑结构、协议体系结构及网络综合布线等内容的分析、设计。

一般地讲，一座智能大厦的计算机网络有内网和外网之分，原则上，内网和外网不应该有任何物理上的连接，以确保其安全性。不管是内网还是外网，都主要由三部分组成：

● 主干网 Backbone。主干网负责计算中心主机或服务器与楼内各局域网及核心设备的连网。

● 楼内的局域网。根据需求在楼层内设置几个局域网。通常，BAS 由独立的局域网构成。

● 与外界的通信连网。可以由高速主干网、中心主机或服务器借助 X.25 分组网、DDN 数字数据网、PABX 程控交换网、ATM、广域以太网、有线电视网来实现与外界的连网。

下面对各部分进行详细解说。

1．主干网

主干网根据需要覆盖智能大厦楼群中的一个大楼内的各楼层。楼内的中心主机、服务器、各楼层的局域网以及其他共享的办公设备(如激光打印机等)，通过主干网互连，构成智能大厦的计算机网络系统。智能大厦的主干网是一个高速网，用以保证满足大厦各种业务的需要而进行的高速信息传输和交换，其传输速率一般要求达到 100～1000 Mb/s。高可靠性也是对主干网的一项基本要求，主干网的链路设计要有冗余并且设备要有容错能力。具有灵活性和可扩充性是对主干网的又一基本要求，主干网应能支持多种网络协议。因此，对智能大厦的主干网的要求可归结为：高传输速率，一定的覆盖范围，高可靠性，灵活支持多种网络协议，根据需求可以随时扩充配制新的网络。

目前能构成高速主干网的网络技术主要有快速以太网、FDDI、ATM 以及各种类型的快速网络互连设备等。

2．楼层局域网

楼层局域网分布在一个或几个楼层内。局域网的类型选择和具体配置要根据实际应用、信息量大小、对服务器访问的频繁程度、工作站点数、网络覆盖范围等因素来进行考虑。一般局域网采用总线以太网 Ethernet 和环型令牌网 Token Ring 为主。以粗同轴电缆、细同轴电缆或无屏蔽双绞线，甚至光纤作为传输介质。当前，楼宇设备自动化系统已自成系统，采用总线方式的异步串行通信方式，传输介质大量应用双绞屏蔽线。

一个楼层内可以配置一个或几个局域网网段，或几个楼层配置一个局域网。这些不同的局域网网段可以通过路由器或集线器连接起来。随着需求和技术的发展，交换式虚拟网络将会更适合在智能大厦中配置。在以后的章节中我们也将会详细介绍这些技术。

3．智能大厦与外界的通信和连网

智能大厦与外界的通信和连网主要借助于邮电部门的公用通信网。目前主要可利用的公用通信网有 X.25 公用分组交换网、数字数据网 DDN、SDH 和电话网。如有需要和可能，也可利用卫星通信网或建立微波通信网。另外，各 ISP 也提供 ATM、Ethernet 等宽带接入业务。

4.2.2　综合业务数字网(ISDN)

随着社会信息的急剧发展，通信业务范围将越来越广。从技术上的经济性考虑，要求将用户的话音与非话音信息按照统一的标准以数字形式将其综合于同一网络，构成综合业务数字网(ISDN—Integrated Services Digital Network)。

智能大厦中的信息网络应是一个以话音通信为基础，同时具有进行大量数据、文字和图像通信能力的综合业务数字网，并且是智能大厦外广域综合业务数字网的用户子网。

1．综合业务数字网的定义

简单地说，综合业务数字网就是具有高度数字化、智能化和综合化的通信网。它将电话网、电报网、传真网、数据网和广播电视网用数字程控交换机和数字传输系统联合起来，实现信息收集、存储、传送、处理和控制一体化。综合业务数字网是一种新型的电信网，用一个网路，只占用一个号码就可以为用户提供包括电话、高速传真、智能用户电报、可视图文、电子邮政、会议电视、电子数据交换、数据通信、移动通信等多种电信服务。用户只需通过一个标准插口就能接入各种终端，传递各种信息。综合业务数字网的服务质量和传输效率远优于一般电信网，并且具有开发和承受各种电信新业务的能力。

2. 窄带综合业务数字网 N-ISDN(Narrow-ISDN)

N-ISDN 是 ISDN 的初期阶段，它只能向用户提供传输速率为 64 kb/s 的窄带业务，其交换网络也只具备 64 kb/s 的窄带交换能力。连接关系见图 4.1 所示。

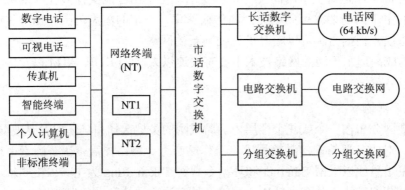

图　4.1

3. 宽带综合业务数字网 B-ISDN(Broadband-ISDN)。

B-ISDN 是在窄带综合业务数字网上发展起来的。信息时代的发展，人们日益增加了对可视性业务的需求，如影像、视听觉、可视图文等业务。这些宽带业务无法在窄带 ISDN 上得到满足。

N-ISDN 向 B-ISDN 的发展一般可以分为以下三个阶段：

(1) B-ISDN 结构的第一个发展阶段是以 64 kb/s 的电路交换网、分组交换网为基础，通过标准接口实现窄带业务的综合，进行话音、高速数据和运动图像的综合传输。如图 4.2 所示。

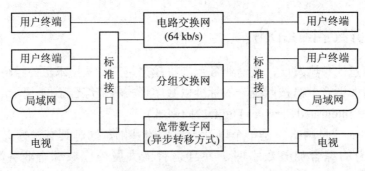

图　4.2

(2) B-ISDN 结构的第二个发展阶段是在 B-ISDN 的规程中用户或网络接口已标准化，终端用户也采用了光纤传输，并使用光纤交换技术，达到向用户提供 500 多个频道以上的广播电视和高清晰度电视节目等宽带业务。如图 4.3 所示。

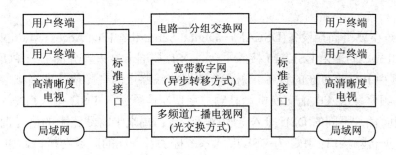

图 4.3

(3) B-ISDN 结构的第三个发展阶段，是在分组交换网、宽带数字网和多个频道广播电视网的基础上引入了智能管理网，并且由智能网络控制中心管理这三个基本网，同时还可引入智能电话、智能交换机以及工程设计、故障检测与诊断的各种智能专家系统。所以 B-ISDN 结构的第三个发展阶段可称为智能化宽带综合业务数字网。如图 4.4 所示。

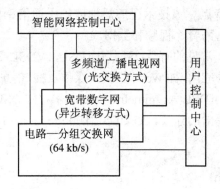

图 4.4

4.2.3 数字用户线路(xDSL)

1. 概述

当前的铜电话线以 28.8 kb/s(在软件的帮助下可达到 56 kb/s)的速率承载话音通信。在理想的环境下，铜线的速率仅受线缆衰减的限制，但在现有的电话网中，带宽很大程度上被过滤器和网络本身所制约。Bellcore 发明了第一代数字用户技术并创造了术语 DSL，其目的是高性能、低成本。

DSL 技术是以铜电话线为传输介质的点对点传输技术，它利用了在电话系统中没有被利用的高频信号传输数据，还利用了更加先进的调制技术，在现有铜线网络上达到至少 2 Mb/s 的带宽。

xDSL 是 DSL(Digital Subscriber Line)的统称，即数字用户线路。"x"代表着不同种类的数字用户线路技术。各种数字用户线路技术的不同之处，主要表现在信号的传输速率和距离及上下行速率的对称和非对称上。

2. 实现

xDSL 系统主要由局端设备(DSLAM—Digital Subscriber Line Access Multiplexer)和用户端设备(CPE)组成。局端由 DSLAM 接入平台、DSL 局端卡、语音分离器、IPC(数据汇聚设备)等组成，其中 IPC 为可选的设备。语音分离器将线路上的音频信号和高频数字调制信号分离，并将音频信号送入电话交换机，高频数字调制信号送入 DSL 接入系统；DSLAM 接入平台可以同时插入不同的 DSL 接入卡和网管卡等；局端卡将线路上的信号调制为数字信号，并提供数据传输接口；IPC 为 DSL 接入系统提供了不同的广域网接口，如 ATM、帧中继、T1/E1 等。这些设备都设在电话系统的交换机房中。

用户设备由 DSL Modem 和语音分离器组成，DSL Modem 对用户的数据包进行调制和解调，并提供数据传输接口。

3. 分类与应用

(1) 对称 DSL 技术：常见的有 HDSL，SDSL，MVL，IDSL 等。对称 DSL 技术主要用于替代传统的 T1/E1 接入技术。与传统的 T1/E1 接入技术相比，DSL 技术具有对线路质量要求低、安装调试简单等特点。该技术已广泛地应用于通信、校园网互连等领域，通过复用技术，可以同时传送多路语音、视频和数据。

(2) 非对称 DSL 技术：常见的有 ADSL，RADSL，VDSL 等。非对称 DSL 技术非常适用于对双向带宽要求不同的应用，如 Web 浏览、多媒体点播、信息发布等，因此适用于 Internet 接入、VOD 系统等。其中 ADSL(Asymmetric DSL，非对称 DSL)的应用最为广泛。

此外还有一些公司所提出的建议，如 UDSL(Unidirectional DSL)、x2/DSL 等，但这些应用很少。

4.2.4 有线电视通信网络

我国有线电视覆盖范围广阔，用户普及率高，是电信网之外的另一个资源大网。随着技术的发展，有线电视网逐步发展为双向 HFC 综合信息网，除传送常规的广播电视信号外，还可以进行高速的数据传输，传送图像、数据和语音等多媒体数据。HFC 双向混合光纤同轴电缆传输网从有线电视前端用光纤将信号送到各小区的光节点处，再从光节点处通过同轴电缆分配网与住户连接。HFC 网的有效网络带宽为 850 MHz，具有丰富的频带资源，42 MHz 以下频段传输上行数据信号，50～550 MHz 用于传输普通广播电视信号，550～850 MHz 用于传输下行数据信号。HFC 网频带较宽、速度快、性能可靠稳定，尤其在智能化住宅小区，是理想的信息传输网络平台。

HFC 网络系统主要由位于前端的 CMTS、位于用户端的 Cable Modem(电缆调制解调器，CM)以及传输设备组成。其工作原理是：CMTS 从网络接收的数据帧封装在 MPEG－2TS 帧中，通过下行数字调制成 RF 信号输出到 HFC 网，同时接收上行数据，并转换成以太网的帧传送给网络。用户端的 CM 的基本功能是将上行数字信号调制成 RF 信号，将下行的 RF 信号解调为数字信号，从 MPEG－2TS 帧中抽出数据，转换成以太网的数据，通过 10/100 BaseT 自适应以太网接口输出到用户 PC。在 HFC 网上采用频分复用，在某一频率上的信道则是多用户共享，CM 用户在连接时并不是占用一个固定的带宽，而是与其他活动用户共享，仅在发送和接收数据的瞬间使用网络资源，它通过 MAC 控制用户信道的分配与竞争，支持不同等级的多媒体业务。

4.3 无线通信系统(微波、卫星)

4.3.1 微波通信

数字微波通信是指用户利用微波(射频)携带数字信息通过微波天线发送，经过空间微波通道传输电波，到达另一端后由数字微波接收(发送)设备再生用户数字信号的通信方式。数字微波采用先进的数字传输技术，具有抗干扰能力强、噪声小、传输质量高、施工简单、见效快、造价低等优点，可用于有线通信线缆所不能延伸的区域(比如岛与岛、岛与岸间的通信)，也可用于陆上一些铺设电缆、光缆不方便的地方，是用户普遍采用的无线通信手段之一。

智能建筑物之间(或智能建筑物与当地电信局之间)用户可以采用数字微波通信设备建立数字微波空间传输，不但可以传输话音、数据，构成专用网络，还能传输会议电视、监控电视的图像信号等。将数字微波抛物面天线安装在智能建筑物的屋顶上，在无障碍的情况下，传输电磁波的直射视距可达 50 km。

目前，智能建筑物的微波通信主要是指语音通信和无线网络通信(无线 Hub 和无线网卡)。

4.3.2 卫星通信

卫星通信是近代航空技术和电子技术相结合而产生的一种重要的通信手段。它利用赤道上空 35 739 km 高度、装有微波转发器的同步人造地球卫星作中继站，把地球上若干个信号接收站构成通信网，转接通信信号，实现长距离、大容量的区域通信乃至全球通信。

卫星通信实际上是微波接力通信的一种特殊形式。在地球同步轨道上的通信卫星可覆盖 18 000 km^2 范围的地球表面，即在此范围内的地球站经卫星一次转接便可通信。卫星通信系统主要由同步通信卫星和各种卫星地球站组成。此外，为保证系统正常运行，还必须有监测、管理系统和卫星测控系统。

卫星通信的主要特点是通信距离远、覆盖面积大、通信质量高、不受地理环境限制、组网灵活、便于多址连接，以及容量大、投资少、见效快等优点。它适用于远距离的城市之间的通信。

智能建筑的卫星系统一般用于数据通信、图文传播和卫星电视，分双向卫星系统和单向接收系统两种。

4.4 数 据 通 信

数据通信是计算机与电信技术相结合的新兴通信技术。通信建立在计算机通信网上，操作人员使用数据终端或计算机，通过通信线路按照一定的通信协议，实现远程数据信息通信。数据通信可提供电子邮件、文件传送、电子数据交换、传真存储转发、图像、数字话音等多种业务。数据通信通过共享通信网络资源和计算机资源实现信息资源的共享和远程数据的处理。

在数据通信中,信息处理系统(或称报文处理系统)是建立在计算机通信网上的一种新型信息通信技术和业务,其实现是在通信网上加挂一台或多台大容量的高性能计算机,在其存储系统上为每一个用户分配一个存储空间,作为用户的"信箱"。通信在用户信箱之间进行,可提供电子邮件(E-mail)、电子数据交换(EDI)、传真存储转发等多种业务。

4.4.1　电子信箱

E-mail 是一种基于计算机网络的信息传递业务,通过网络实现各类信件和文件的传送、接收、存储和投送。其实现方法是在网上设立"电子信箱系统",每个系统用户都有属于自己的一个电子信箱。其通信过程是:发送信件的系统用户在本地通过公用电信网或专线将文件传送到对方的电子信箱中,由收信用户使用特定的指令从信箱取出所需信息。

4.4.2　电子数据交换

电子数据交换是将商业或行政文件、信息,按照一个公认的标准,经计算机处理,形成具有标准格式的数据文件,经过通信网传送到对方用户的计算机上。对方用户计算机收到发来的报文之后,立即按照特定的程序自动进行处理,经格式校验、翻译、映射,还原成应用文件,最后对应用文件进行编辑、处理和回复。

4.4.3　传真存储转发系统

传真存储转发系统是在用户传真机之间设立存储转发设备,用户之间的传真文件或图片都要经过存储转发系统控制。其工作过程为:发方传真机通过电话网进入传真工作站,传真工作站对来自传真机上的信号进行处理,然后通过 X.25 分组网或通过专线将传真文件发往传真存储转发信箱。传真存储转发信箱再通过 X.25 网或高速数字专线与远端传真存储转发信箱互连,以实现远程传真的交换和转发。传真文件通过收方网上的传真工作站和电话网,送达收方用户传真机。

由于存储转发主机和传真工作站是通过 X.25 网互连的,因此不需要在各地都设传真信箱系统。在一个较大的区域内只设一个传真存储转发信箱系统,在远端郊县和城市,设立本地传真工作站,用户传真机通过电话网与传真工作站连接。

4.4.4　仿真传真通信

仿真传真的基本思想是利用计算机丰富的软硬件资源,在与传真机通信的基础上,模拟传真功能,具有正确、迅速、经济和方便等优点,而且可实现以下所有传真功能:

① 作为计算机的输入/输出终端设备;
② 电子编辑功能;
③ 图像信息发生及检查归档;
④ 存储转发;
⑤ 图文通信和优先权控制;
⑥ 预约、定时通信和延时发送;
⑦ 缩微胶卷检索、传输及复印。

在此仿真传真通信系统中，其输入装置可以是扫描仪、摄像机、键盘、光学字符识别卡或本地的传真机等。传真卡是为了使仿真传真机与传真机的电气性能相匹配，根据传真机的电气性能和传真通信协议在原微机的硬件的扩展槽内插入的数据适配器或称 PC FAX卡，它可完成所需的各种接口功能。

仿真传真的通信过程是：本地的仿真传真机向外进行传真时，可通过输入装置将图文表据等输入机内，也可将计算机各种编辑软件建立的文件或以前存储的报文作为仿真传真系统的输入，通过传真卡向外传真。传真通过通信网络到达接收方，接收方的传真机接收到远程的传真机或仿真传真机的传真业务时，其结果可以通过显示器显示查看，或通过打印机备档，或者存于磁盘中供编辑、转发。

仿真传真的通信网络可以是公共电话网 PSTN、电路交换公用数据网 CSPDN、分组交换公用电话网 PSPDN、综合业务数字网 ISDN，也可以是一般的局域网 LAN 和以交换机为中心的 PABX 通信网等专用网。目前 IP 传真异军突起。

4.5 网络和多媒体通信系统

4.5.1 局域网和企业网

智能建筑的 LAN 一般采用以太网技术，用星型拓扑结构。

1. 以太网技术

以太网是目前应用最为广泛的局域网络，它采用基带传输，通过双绞线和传输设备来实现 100 Mb/s、1000 Mb/s 的数据传输。目前，办公室自动化、证券交易系统、校园网、控制系统等各类应用均以以太网为主要的通信传输方式，应用非常广泛，而且仍保持迅猛的发展势头。可以预见，将来的局域网仍将以以太网为主流技术。总之，以太网是目前网络技术中先进、成熟、实时性强、应用广泛、性能稳定、价格低廉的通信技术。

千兆、万兆以太网继承了传统以太网的特点，并极大地拓宽了带宽，与 100 Mb/s 以太网保持良好的兼容性，增加了对 QoS 的支持，以高带宽和流量控制的策略来满足应用的需要，是智能建筑局域骨干网的理想选择。

2. LAN

智能建筑局域网一般涵盖若干楼群的小区域，通过 LAN 把区域内的管理控制中心、公共会所、物业管理公司以及区内各类集团用户连接起来。

设置 LAN 时，应根据建筑定位确定应用目的，评估信息流量、信息点数量、网络覆盖范围；选择相应的服务器和交换机等设备；改善网络环境；提供更多的软件应用环境。

网络设计要求采用可靠、先进、成熟的技术；所有信息点具有交换能力；支持虚网划分；支持多媒体应用；能进行良好的网络管理；具有良好的扩充性和升级能力；能够根据用户需求灵活组网；还有最重要的一点就是网络安全，防止网内/网外的相互攻击和数据泄露。

LAN 一般采用星型拓扑结构,分为系统中心(管理控制中心、核心层)、楼(区域控制中心、汇聚层)、楼层(接入层)和用户四级。局域主干网采用千兆以太网,在系统中心设千兆以太网核心交换机,在各区域中心设置汇聚层交换机,各汇聚层交换机至少配置 1000 Mb/s FX 上连端口,通过光纤与核心交换机连接,构成智能化千兆以太骨干网。每个区域内,在各楼栋设备间设置 100 Mb/s 交换机作为接入层设备,接入交换机通过 100 Mb/s TX 上连端口经五类双绞线与汇聚层交换机连接,根据需要也可通过 100/1000 Mb/s FX 端口经光纤连接。在楼内,交换机通过 10/100 Mb/s TX 端口经楼内超五类综合布线连接用户计算机。这样便实现了主干千兆、百兆交换到桌面的目标。

系统管理控制中心是整个网络系统的中心,系统的主要通信设备集中于此,除网络核心交换机外,还包括与广域网连接的路由器、各类服务器以及管理工作站等。

具体布线方式和原则见第 6 章 PDS 布线。

3. 企业网

Intranet 是跨区域的 LAN,常见于集团型的企业和机构,借助广域互联介质(如租用专线,采用 VPN 技术、VLAN 技术等),把本单位在各个区域的 LAN 互连成一个更大的 LAN。

4.5.2　广域网

这里所说的主要是建筑 LAN 的广域接入(主要是 Internet 接入)。

1. Internet

Internet 是一个全球性的计算机互联网络,中文名称为“国际互联网/因特网/网际网/信息高速公路”等,它是将不同地区而且规模大小不一的网络互相连接而成的计算机网络。对于 Internet 中的各种各样的信息,所有人都可以通过网络的连接来共享和使用。

Internet 实际上是一个应用平台,在它的上面可以开展很多种应用,常见的有以下七个方面:

1) 信息的获取与发布

Internet 是一个信息的海洋,通过它您可以得到无穷无尽的信息,其中有各种不同类型的书库、图书馆、杂志、期刊和报纸。该网络还为您提供了政府、学校和公司企业等机构的详细信息和各种不同的社会信息。这些信息的内容涉及到社会的各个方面,包罗万象,几乎无所不有。您坐在家里就可以了解到全世界正在发生的事情,也可以将自己的信息发布到 Internet 上。

2) 电子邮件(E-mail)

平常的邮件一般是通过邮局传递,收信人要等几天(甚至更长时间)才能收到一封信。电子邮件和平常的邮件有很大的不同,电子邮件的写信、收信、发信都在计算机上完成,从发信到收信的时间以秒来计算,而且电子邮件几乎是免费的。同时,您在世界上只要可以上网的地方,都可以收到别人寄给您的邮件,而不像平常的邮件,必须回到收信人的地址处才能拿到信件。

3) 网上交流

网络可以看成是一个虚拟的社会空间,每个人都可以在这个网络社会上充当一个角色。Internet 已经渗透到大家的日常生活中,您可以在网上与别人聊天、交朋友、玩网络游戏。

"网友"已经成为一个使用频率越来越高的名词,这里所说的网友您可以完全不认识,他(她)可能远在天边,也可能近在眼前,网上交际已经完全突破传统的交朋友的方式,不同性别、年龄、身份、职业、国籍、肤色的世界各地的人,都可以通过 Internet 成为好朋友,他们不用见面即可以进行各种各样的交流。

4) 电子商务

在网上进行贸易已经成为现实,而且发展得如火如荼。例如,可以开展网上购物、网上商品销售、网上拍卖、网上货币支付等商务活动。电子商务已经在海关、外贸、金融、税收、销售、运输等方面得到了应用,现在正向一个更加纵深的方向发展。随着社会金融基础设施及网络安全设施的进一步健全,电子商务将在世界上引起一轮新的革命。在不久的将来,您将可以坐在电脑前进行各种各样的商业活动。

5) 网络电话

中国电信、中国联通等单位已相继推出 IP 电话服务,通过 Internet 走语音电话可大幅度降低长途话费,同时基于 IP 的视频会议也逐渐流行。Internet 在电信市场上的应用将越来越广泛。

6) 网上事务处理

Internet 的出现将改变传统的办公模式,您可以在家里上班,通过网络将工作的结果传回单位;出差的时候,您不用带上很多的资料,因为您随时都可以通过网络回到单位提取需要的信息……,Internet 使全世界都可以成为您办公的地点。实际上,网上事务处理的范围还不只包括这些。

7) Internet 的其他应用

Internet 还有很多其他的应用,例如远程教育、远程医疗、远程主机登录、远程文件传输等等。随着技术的进步,必将开发出 Internet 的更多应用。

2. Internet 接入

可以通过各种方式接入广域网,如通过 Modem、ISDN、xDSL、DDN、ATM、SDH、X.25、VSAT(数字卫星网)等接口与 Internet 连接,可提供每秒几十千字节到上百兆字节的接入速度,还可以通过光纤或铜缆以千兆速率接入 Internet。

4.5.3　有线电视

有线电视(CATV)系统由接收部分、前端部分、干线传输和分配网络等组成。

1. 接收部分

接收部分所接收的各种电视信号包括:通过高增益多单元定向天线接收 VHF/UHF 频段的电视信号;通过各种口径的抛物面天线接收卫星微波信号,经高频头放大、变频后输出频率为 970～1470 MHz 的卫星电视信号;通过抛物天线接收微波中继信号和无线电缆电视系统所发出的微波电视信号,经下变频输出高频电视信号;通过演播室内的摄像机、录像机、影碟机、电影电视转换机等视频和音频设备送出的电视信号。

2. 前端部分

将来自接收部分的各种电视信号进行技术处理,使它们变成符合系统传输要求的高频电视信号,并送入混合器进行混合,输出一个复合信号,送至系统干线的传输网中。

前端部分的设备包括：放大微弱高频电视信号的天线放大器，衰减强信号的衰减器，滤除带外成分的滤波器，将信号放大的频道放大器和带宽功率放大器，将视频和音频信号变成高频信号的电视调制器，对卫星电视信号进行解调放大的卫星接收机，用于转换频道的转换器，对高频电视信号进行处理的信号处理器，将多路高频电视信号混合成一路的混合器等。

3．干线传输

干线传输系统将前端部分输出的高频电视信号不失真地、稳定地传送到系统分配网络的输入端口，而且其信号电频需满足系统分配网络的要求。用作系统干线传输的介质包括同轴电缆、光纤和无线电缆电视系统(MMDS)。

4．分配网络

分配网络的设计是确定分配网络的组成形式和所用器件的规格、数量，保证每个用户终端所获得的信号符合"规范"的要求。分配网络的形式应根据系统用户终端的分布情况和总数量确定，形式也是多种多样的。在系统的工程设计中，分配网络的设计最灵活多变，在保证用户终端能获得规定的电平值的前提下，使用的器件应越少越好。分配网络的基本组成形式有下列几种：

(1) 分配—分配形式。网络中采用分配器，主要适用于以前端为中心向四周扩散的、用户端数不多的小系统。在使用这种形式的网络时，分配器的任一端口不能空载。

(2) 分支—分支形式。该网络中采用的均是分支器，适用于用户端离前端较远且分散的小型系统。使用这种系统时，最后一个分支器的输出端必须接上 75 Ω 负载电阻，以保持整个系统的匹配。

(3) 分配—分支形式。这种形式的分配网络是应用最广泛的一种。通常是先经过分配器将信号分配给若干根分支电缆，然后再通过具有不同分支衰减的分支器向用户终端提供符合"规范"所要求的信号。

(4) 分支—分配形式。进入分配网络的信号先经过分支器，将信号中的一部分能量分给分配器，再通过分配器分给用户终端。

除此之外，网络的组成形式还有很多，例如，分配—分支—分配形式、不平衡分配形式等，但最基本的是上述四种。

4.5.4 卫星电视系统

卫星电视广播系统由上行发射、星载转发和地面接收三部分组成。上行发射站可以是固定式大型地面站或移动式地面站，将节目的图像和伴音信号进行处理放大后发送到卫星转发器，转发器把接收到的上行信号变换成下行调频信号，放大后由定向天线向地面发射。地面接收站将收到的下行信号进行变频、解调，然后送往有线电视(CATV)系统。

1．上行发射站

上行发射站主要由基带信号处理单元、中频调制器、中频通道、上变频器、功率放大器、双工器和发射天线等组成。按照 PAL - D 制式在基带信号处理单元中，视频信号经 0～6 MHz 低通滤波器滤去高频干扰信号，伴音信号伴音副载波进行调频(6.6 MHz)，然后再调制到副载波上。视频信号和负载波信号全成为基带信号。为了改善视频信号的信噪比，有效地抑制高频噪声，以及减少电视调频信号的谱密度，避免对地面共用频段的电信干扰，先将合成基带信号进行预加重，再叠加 12.5～30 Hz 或 140 Hz 的中频调频波，进入由衰减器、带通滤波器、中频放大器等组成的中频通道。经整形放大处理后的中频信号进入上变频器，在上变频器中，中频信号变换成 6 GHz 的上行频率微波信号，经功率放大器放大，反馈给双工器，供天线发射给星载转发器。

2. 星载转发系统

星载转发系统由收发天线、星载转发器和电源等组成。卫星中接收和发射信号的天线通常是共用一副的。电源主要用硅太阳能电池和后备蓄电池。由接收、放大、变频和发射等电子设备组成的星载转发器，在接收到上行发射站发来的各个频率的微波信号后，经放大、混频，将上行频率(5.925～6.425 GHz)下变频为下行频率(3.7～4.2 GHz)，通过增益控制和功率放大处理，输入分波器分出各频道信号，分别送入各推动器和行波管放大器放大，再经多工器混合，输出至收发开关，由天线发射到地面卫星电视接收系统。

3. 地面卫星电视接收系统

卫星电视接收系统由接收天线、高频头、同轴电缆和卫星接收机等组成。

接收天线由辐射器(馈源)和抛物面放射器组成。辐射器相位中心位于放射器的焦点上，放射器将接收到的卫星微波信号聚焦到辐射器，使信号叠加变强成为适合于波导传输的电磁波输送到高频头。高频头将输入的 3.7～4.2 GHz 卫星微波信号经放大、变频以及第一中放后输出 970～1470 MHz 中频信号，通过同轴电缆输入至室内单元。室内单元的卫星电视接收机将高频头送来的宽带中频信号进一步放大、解调还原成具有标准接口电平的电视信号。

一般的智能建筑物应至少考虑安装一个卫星接收天线，同时考虑安装多套时的相关问题(如位置/方位/强度/引入/接地等等)。

4.5.5　可视图文系统

图像通信与文字通信相结合产生了可视图文通信系统，它将通信、计算机、电话、电视技术结合在一起，利用公用电话交换网和公用数据分组交换网，以交互型图像通信的方式向智能建筑内用户提供公用数据库和专用数据库中的文本文件和图像信息，以达到或满足用户最大范围地共享信息资源的目的。

1. 可视图文的分类

可视图文分为交互型、广播型和计算与信息处理型三种。

(1) 目前应用最广泛的是交互型可视图文。它是一种双向通信业务，用户可通过其输入终端以菜单检索等方式，从专用数据库或公用数据库中索取各种数据资料，如查询新闻、法律、文化艺术、体育消息、市场动态、科技资料、专利目录、图书情报、火车时刻、飞机航班、天气预报、电话号码等；也可在索取信息的同时，修改数据库的内容，进行"既读又写"的操作，如银行储蓄、电子购物、预定票证、旅馆登记、证券交易等。

(2) 广播型可视图文是一种单向通信业务，它利用广播电视信号空隙传送文字或图形，既可与电视节目同时收看，也可单独收看。

(3) 计算与信息处理型可视图文是用户要求服务主机提供用户本身难以完成的计算或特殊处理功能，如大型科学计算、大型数据处理、复杂翻译、各类专家咨询系统等。

2．可视图文系统的组成

可视图文系统通常由信息处理中心、公用数据库、专业数据库、电话网(或数据网)和用户终端设备组成。

(1) 可视图文用户终端分为专用型用户终端、微机型用户终端和普通电视机型用户终端三类。

(2) 公用数据库是由国家电信部门经营并向公众用户提供的国家级的公用可视图文数据库。专用数据库是由各单位或公司管理经营，并向公众用户提供具有各专业特点的可视图文数据库。

(3) 信息处理中心由计算机、图像处理系统、通信设备及相应的软件组成，用于对数据库的可视图文信息和画面的编辑处理，以及与网上的数据库进行通信、交换信息。

3．可视图文的应用

可视图文业务的应用分为检索型、交易型和计算及信息处理型三种。

(1) 检索型应用是指用户通过直接检索、菜单检索和征询单检索方式向数据库索取各种数据资料。在用户和数据库主机之间进行交互式人机通信的过程中，用户只读取数据库中的数据，不改变数据库中的任何内容。用户可通过检索方式查询新闻、法律、文化艺术、体育消息、科技资料、专利目录、图书情报、火车时刻、飞机航班、天气预报、电话号码等。

(2) 交易型应用是指用户不仅向数据库索取必要的信息，还可修改数据库的内容。在用户和数据主机间进行交互型人机通信的过程中，用户对数据库的操作是一个"既读又写"的过程，比如银行储蓄、电子购物、订票服务、证券交易等。

(3) 计算与信息处理应用是指用户要求服务主机提供计算和信息处理业务。可视图文系统借助计算机的计算和信息处理能力或某种专门处理能力，向用户提供一般用户无法拥有的计算或特殊处理能力，比如大型科学计算、大型数据和图像处理、自动翻译机、各类专家系统等。

4.5.6 视频会议

视频会议是利用视频技术及设备通过传输信道在两地(或多个地点)之间召开会议的一种通信方式。它利用图像通信技术、计算机通信技术及微电子技术，进行跨地区的点与点之间或多点之间的双向视频、双工音频、数据等信息交互式的实时通信。

视频会议就是利用摄像机和话筒将某一地点会场上开会人的图像及与会者发表的意见或报告内容传送到另一地点的会场，它可实时地传递声音、图像和文件，与会人员可通过视频发表意见，观察对方的形象和有关信息，增加临场感。若辅以电子白板等，还可与对方会场的与会人员进行研究与磋商。这种利用一条信道同时传递图像、语音、数据等信息的方式在效果上完全可以代替现场会议，可广泛用于智能建筑办公室内的各类行政会议、科研会议、技术教学、商务谈判等多种事务中。

视频会议系统按业务的不同可分为公用的视频会议系统、专用的视频会议系统和桌面视频会议系统三种。公用的视频会议系统作为一种开放的业务在各地设立视频会议室，租给用户使用。专用的视频会议系统作为本行业或总公司下属单位组成视频会议业务网。桌面视频会议系统可使建筑物中的用户随时利用桌面个人电脑终端的视频会议设备，进行点到点之间的交互式多媒体通信。

视频会议的传输以前主要靠公用数据分组交换网，现在，基于网络的 IP 视频会议发展迅速，并逐渐推广应用。

图 4.5 为一视频会议示意图。

图　4.5

4.5.7　VOD

VOD 的全称为 Video On Demand，即视频点播技术，意即按需要的视频流播放。

视频点播是 20 世纪 90 年代末在国外发展起来的，它集动态影视图像、静态图片、声音、文字等信息为一体，为用户提供实时、交互、按需点播等服务。

视频点播是多媒体数字双向自动互传的系统，是基于计算机主机进行工作的，是集数字电视、数字视频压缩编码、视频服务器、数据库、多媒体计算机等技术为一体的自动点播交互电视。其可以通过对双向 HFC 分配网的改造来实现，也可以完全基于宽带网络实现，或通过电视、电话与网络的结合来实现。

1．VOD 的功能

VOD 的主要功能包括以下三个方面：

(1) 实现了节目的按需收看和任意播放，用户可以根据自己的意愿选择收看。

(2) 可以对节目实现编辑与处理(如暂停、快/慢进、搜索等等)，获得与节目相关的详细信息，系统甚至可以通过记忆和存储用户选择来向用户推荐节目。

(3) 可以实现与 Internet 的连接、收发电子邮件、家庭购物、旅游指南、车票预订、远程教育、电子商务、股票交易等其他功能。

2．点播过程

用户在客户端启动播放请求，通过网络发出通信呼叫，经上行通路(如有线电视网、电话线、网络等)向视频服务器发出请求。该请求到达并被服务器接收，经过请求验收后，服务器把存储子系统中可访问的节目名准备好，并在用户屏幕上显示点播单。用户选择节目后，服务器从存储子系统取出节目内容，合成一个个视像数据流，通过高速传输网传送到客户端播放。用户端设备除多媒体计算机或电视机外，有时还需配备一个机顶盒和一个视频点播遥控器。

3. 交互电视(ITV)

ITV(Interactive TV)系统是近年来新出现的一种信息服务形式，它为普通的电视机增加了交互能力，使人们可以按照自己的需求获取各种网络服务，包括视频服务、数字图书馆服务、多媒体信息服务等。

从广播电视的角度看，把交互视频服务看成是一种电视系统，称为交互电视(ITV)，用户的终端是电视机，再加上一种交互设备，称为机顶盒。如果从电信角度看，可把交互视频服务看成是一种业务，称为视频点播(VOD)，用户终端既可以是电视机加机顶盒，也可以是一台个人计算机。

不论是交互电视还是视频点播，它们都是为用户提供交互的视频服务的。它们一个强调用户端，另一个强调系统服务端。值得一提的是这两种名称经常混用。

目前，交互视频服务的主要应用有五个方面：电影点播、交互电视新闻、远程学习、交互广告、交互视频游戏等。

目前，VOD 建设还处在发展初期，大多数应用仍以高档酒店、大型写字楼、高档生活小区等局域网内应用为主。这主要是由于 VOD 系统对网络要求较高，对于有线电视台的 VOD，它要在双向网络上才能实现。由于绝大多数的有线电视网络都是单向的，这样就要面临双向网改造的问题，需要耗费巨大的人力物力。随着技术的进步，不久的将来，视频点播/交互电视系统将会像电话和电视那样普遍应用，通过信息的交互，人们将获得使用更方便、内容更丰富的服务。

第 5 章　办 公 自 动 化

从技术发展来看，办公自动化(Office Automation，简称 OA)是 20 世纪 70 年代中期发达国家迅速发展起来的一门综合性技术。我国的 OA 从 20 世纪 80 年代末至今已有 10 多年的发展，从最初提供面向单机的辅助办公产品，已经发展到可提供面向企业级应用的大型协同工作产品。

办公自动化是利用计算机技术、通信技术、系统科学、管理科学等先进的科学技术，不断使人们的部分办公业务活动物化于人以外的各种现代化的办公设备中，最大限度地提高办公效率和改进办公质量，改善办公环境和条件，缩短办公周期，并利用科学的管理方法，借助于各种先进技术，辅助决策，提高管理和决策的科学化水平，以实现办公活动的科学化、自动化。

5.1　OAS 的组成体系

5.1.1　主要任务

办公自动化是用高新技术来支撑的、辅助办公的先进手段。它主要有以下三项任务：

(1) 电子数据处理(EDP—Electronic Data Processing)。即处理办公中大量繁琐的事务性工作，如发送通知、打印文件、汇总表格、组织会议等，将这些繁琐的事务交由机器完成，以达到提高工作效率、节省人力的目的。

(2) 信息管理(MIS—Message Information System)。对信息流的控制管理是每个部门最本质的工作，OAS 是信息管理的最佳手段，它把各项独立的事务处理通过信息交换和资源共享联系起来，以获得准确、快捷、及时、优质的功效。

(3) 决策支持(DSS—Decision Suppot System)。决策是根据预定目标行动的决定，是高层次的管理工作。决策过程是指提出问题、搜集资料、拟定方案、分析评价、最后选定等一系列活动环节。OAS 系统的建立，能自动地分析、采集信息，提供各种优化方案，辅助决策者迅速地做出正确的决定。

5.1.2　主要依赖技术

办公自动化技术是一门综合性、跨学科的现代化办公技术，它涉及计算机科学、通信科学、系统工程学、人机工程学、控制论、经济学、社会心理学、人工智能等等，但人们通常把计算技术、通信技术、系统科学和行为科学称做 OAS 的四大支柱。

1. 计算机技术

计算机软硬件技术是办公自动化的主要支柱。办公自动化系统中的信息采集、输入、存储、加工、传输和输出均依赖于计算机技术。文件和数据库的建立和管理、办公语言的建立和各种办公软件的开发与应用也依赖于计算机。另外，计算机高性能的通信联网能力，使相隔任意距离、处于不同地点的办公室之间的人员可以像在同一间办公室办公一样。因而在众多现代化办公技术与设备中，对办公自动化起关键作用的是计算机信息处理设备和构成办公室信息通信的计算机网络通信系统。

2. 通信技术

现代化的办公自动化系统是一个开放的大系统，各部分都以大量的信息纵向和横向联系，信息从某一个办公室向附近或者远程的目的地传送。所以说通信技术是办公自动化的重要支撑技术，是办公自动化的神经系统。从模拟通信到数字通信，从局域网到广域网，从公共电话网、低速电报网到分组交换网、综合业务数字网，从一般电话到微波、光纤、卫星通信等各种现代化的通信方式，都缩短了空间距离，克服了时空障碍，丰富了办公自动化的内容。

3. 其他综合技术

支持现代化办公自动化系统的技术还包括微电子技术、光电技术、精密仪器技术、显示技术、自动化技术、磁记录和光记录技术等。

5.1.3　不同级别的三类 OAS

办公自动化系统按其职能可分为三个层次，即事务处理级办公自动化系统、信息管理级办公自动化系统和决策支持级办公自动化系统。

1. 事务处理级办公自动化系统

办公事务处理的主要内容是执行例行性的日常办公事务，涉及大量的基础性工作，包括文字处理、电子排版、电子表格处理、文件收发登录、电子文档管理、办公日程管理、人事管理、财务统计、报表处理、个人数据库等。事务型办公自动化系统可以是单机系统，但现在基本上是网络化的多机系统。

2. 信息管理级办公自动化系统

管理型办公自动化系统是把事务型办公系统和综合信息紧密结合的一体化的办公信息处理系统。它由事务型办公系统支持，以管理控制活动为主，除了具备事务型办公系统的全部功能外，主要是增加了信息管理功能。根据不同的应用，管理型办公自动化系统可分为政府机关型、市场经济型、生产管理型、财务管理型、人事管理型等。

管理型办公自动化系统多数是以局域网为主体构成的系统，局域网可以连接不同类型的主机，可方便地实现部门微机网之间或者是与远程网之间的通信。通信网络最典型的结构是采用中、小型主机系统与超级微机和办公处理工作站三级通信网络结构。其中，中、小型机将主要完成管理信息系统的功能，处于第一层，设置于计算机中心机房；超级微机处于中间层，设置于各职能管理机关，主要完成办公事务处理功能；工作站完成一些实际操作，设置在各基层科室，为最底层。这种结构具有较强的分布处理能力，资源共享性好，可靠性高。对于范围较大的系统，可以通过通信网络，把大(中)型机、超级小型机、高档微机、微机、各种工作站、终端设备，以及电话机、传真机等互连起来，构成一个范围更广的办公自动化系统。

3. 决策型办公自动化系统

决策型办公自动化系统是在事务处理系统和信息管理系统的基础上增加了决策或辅助决策功能的最高级的办公自动化系统。该系统主要担负辅助决策的任务，即对决策提供支持。它不同于一般的信息管理，它要协助决策者在求解问题答案的过程中方便地检索出相关的数据，对各种方案进行试验和比较，对结果进行优化。为此，该系统除了利用信息管理系统数据库所提供的基础信息或数据资料外，还需为决策者提供模型、案例或决策方法。所以只有数据库的支持是不够的，还必须具备模型库和方法库。模型库是决策支持系统的核心，其作用是提供各种模型供决策者使用，以寻求最佳方案。模型库一般包括计划模型、预测模型、评估模型、投入/产出模型、反馈模型、结构优化模型、经济控制模型、仿真模型、综合平衡等。在实际应用中，对同一问题可以用不同的模型，从不同的角度去进行模拟，向决策者提出有效的建议。

5.2　OAS 的软硬件配置

5.2.1　硬件设备

办公自动化系统的基本设备一般分为以下三大类：

第一类是图文数据处理设备，包括计算机设备、电子打字机、打印机、复印机、图文扫描机、电子轻印刷系统、数码摄像设备、录音设备及数据存储设备等。

第二类是图文数据传送设备，包括图文传真机、电传机、程控交换机、卫星收发设备、微波通信设备及各类网络通信设备，如路由器、交换机、网卡、光端机等。

第三类是图文数据特殊处理设备，如碎纸机等保密设备、防火墙与入侵检测设备等，这些设备为办公提供特殊需求。

5.2.2　软件系统

办公自动化系统软件结构是层次式的。机器与人之间共有三层软件：基本软件层、办公室环境软件层和应用软件层。各层软件都支持办公室网络环境。

1. 基本软件

基本软件包括操作系统和各种基础平台软件。

2. 办公室环境软件

办公室环境软件是指为办公室提供基本支持环境的软件，主要有下列几种：

- 办公室管理软件：管理办公室系统的配置、作业、安全、保密等；
- 办公室文件管理系统：管理办公室环境下的个人用文件及共用文件；
- 办公室邮件管理系统：个人工作站之间资料和信息的传递管理；
- 办公室数据库管理系统：办公室共享信息的管理。

3．办公室应用软件

应用软件是办公室系统中最大的软件层，包括各种办公事务处理的应用程序和实用程序。这一层软件又可分为具有一定通用性的软件及完全专用的应用软件。

1) 通用软件

较为通用的应用软件大多是一些办公人员的工具型软件，用这些软件可以处理各种不定型的办公业务。主要有：文字处理软件，声音处理软件，表格处理软件，图像处理软件，图形处理软件，文字、数据、图表的集成软件，统计分析软件，预测软件，情报资料检索软件，日程计划软件，词典检索服务软件。

2) 专用软件

专用软件是指为具体办公业务和其他业务使用的软件。其数量较多，使用广泛，一般由用户研制，但近年来也有软件产品出售，如下列两大类软件：

● 各种专家系统软件：会议室管理软件、印刷排版系统软件、电话记账软件、办公用品管理软件、出退勤管理软件、现金出纳软件、会计业务软件、图书馆软件、备忘录软件。

● 行业管理专用软件：旅馆管理系统、医院管理系统、商店管理系统、车辆调度系统、工厂管理信息系统。

5.2.3　全面办公自动化系统

从实际的应用来看，由于开发商水平参差不齐，办公自动化系统开发缺乏相应的标准，从而导致不同的办公系统之间的连接出现问题，不同程度地给信息的流通造成了障碍。因此，需要提供一种方式，进行不同办公系统之间的连接(见图 5.1)，实现现代企业的信息化。

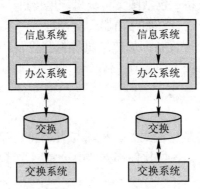

图　5.1

仅仅面向内部的办公不是真正意义的办公自动化，完整的办公自动化系统解决方案应该将内部与外部信息统一考虑，通过跨平台的信息集成和发布技术，为企业构造坚固和宽广的信息基石。

面向内部的办公自动化系统结构如图 5.2 所示。面向外部的办公自动化系统结构如图 5.3 所示。

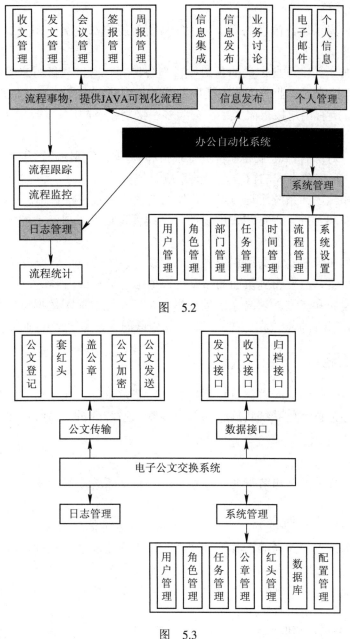

图   5.2

图   5.3

1.综合信息服务平台功能结构

一个独立的、跨平台的信息发布系统,一般应具有栏目定制、权限控制、个性化设置、系统管理、全文检索以及业务数据发布等功能。不同的用户具有不同的访问权限,每个用户可以根据自己的需要设定关注信息、发布留言等。

系统应可以建立与企业业务数据库的连接,通过数据的重新组织,以 HTML 等形式进行业务数据的发布。

系统可以与其他系统相融合,补充 OA 系统对于信息的共享和业务数据发布的功能。

作为一个信息平台,系统还必须能满足日常工作中非业务交流的需要。

2．系统模块分解

● 用户登录。为了保证信息的安全，系统为所有用户都分配了相应的功能权限和信息权限。

● 信息的发布。提供可自定义的各级栏目和公告牌、留言簿供用户发布、查看各项分类信息；支持从本地或远程业务系统中提取数据并集中显示，支持与其他系统的连接。

● 权限管理。所有用户按权限大小可分为多个级别或不同用户群，并可进行特殊授权，从而可以做到每个用户的权限都可严格控制。

● 系统管理。对综合信息服务平台进行维护和管理，管理用户、管理栏目、管理信息内容、管理页面、管理公告牌的留言、更改系统管理员的口令。

● 信息组织和管理。系统管理员对用户发布的留言信息进行管理。

● 栏目的定制和管理。根据用户的需要，系统管理员可以灵活地增加、修改、删除系统中的栏目。

● 页面的定制和管理。根据用户的需要，可以由系统管理员更换页面显示风格。

● 信息全文检索。对发布到页面的信息可根据信息标题或内容进行全文检索。

● 业务数据发布和查询。建立系统的数据库接口，通过通用数据接口将业务系统中的数据由相应的业务部门传送到系统中来，发布到内联网上，最大限度地共享信息资源。

5.2.4　设计与实施

办公自动化系统的设计应根据具体系统的功能要求进行，注意做到统筹规划、分期建设、配套发展。办公自动化系统实施分为四个步骤：系统分析、系统设计、系统实施和系统评估。

1．系统分析

在系统分析中分为办公事务调研、系统目标分析、系统功能分析、系统配置分析及可行性论证几步。

(1) 办公事务调研：首先是对项目进行全面调研，确定信息量大小、信息的类型、信息的流程和内外信息需求的关系等；其次还要对构成本系统的情况进行调研，了解本部门与相关部门及相关机构之间的关系，了解本部门现有设备配置和办公资源的使用情况及工作能力大小，为系统进行设备配置及选择提供依据。也就是要确定办公自动化系统的功能和目的，这是建设办公自动化系统的基础。

(2) 系统目标分析：根据办公事务需求，分析该办公自动化系统能完成的基本任务，包括近期、中期和远期的目标，以及将来获得的社会效益和经济效益。

(3) 系统功能分析：确定为实现系统目标具有的所有功能，如办公事务管理信息资料的存储、查询等，这是设计办公自动化系统具体管理事务模块所必需的。

(4) 系统配置分析：根据系统的需求及实际的资金投入，从确保系统的先进性、实用性、可靠性、经济性来选择办公自动化设备的配置，并要考虑到发展的需要。

(5) 可行性论证：对系统的总体方案进行分析、评估、论证、修订。依靠专家对系统方案的科学性、先进性、可行性进行全面论证和评估之后才能实施。

2．系统设计

系统设计是根据系统分析阶段确定的系统功能，确定系统的物理结构，即由逻辑模型得出物理模型。在系统分析中要解决做什么，在系统设计中要解决怎样做。该阶段的主要任务是根据系统分析阶段确定的系统目标选定系统方案和系统结构，设计计算机处理流程和应用程序的编制方法，编写程序设计说明书，选择计算机设备。

1) 硬件系统与软件结构设计

为了实现系统功能，需要进行硬件网络系统的设计和软件结构的设计。

硬件网络设计主要是计算机硬件和网型的选择。选择网络和硬件时，一方面应考虑满足系统对存储容量、响应速度和共享资源等方面的要求，另一方面要考虑网络的覆盖面，以及施工、维护、扩展的方便与可靠，最后还要考虑安全方面，比如容错、后备、防断电、防雷击等。软件结构的设计，主要是将按系统功能要求做出的数据流程图转换为软件模块调用控制图，并对各个模块的功能和输入、输出给予明确的定义。

2) 程序设计

程序设计分为初步设计(总体设计)和详细设计。

初步设计通常从功能分解入手，将系统划分成功能简单的若干个子系统，这样不仅可以简化设计，而且还有利于今后的修改和扩充。然后进行计算机处理流程设计，绘制出系统的处理流程图。例如，企业管理信息系统可以划分成产品技术文件子系统、人事劳资系统、基本生产管理子系统、物资管理子系统、经济计划子系统、辅助生产子系统、财务成本子系统、产品销售子系统、设备管理子系统等等，而物资管理子系统又可以分解成采购计划管理、合同管理和库存管理等。

详细设计是在确定功能结构图的同时，进一步确定每一模块的具体实现方法，设计系统的物理模型等。详细设计包括代码设计、输入设计、输出设计、存储设计、连机设计和编写程序设计说明书等。标准形式的程序说明书由项目说明、数据定义和处理内容定义三部分组成。项目说明包括系统名称、子系统名称、功能名称、程序名称、程序标识符、程序语言、使用机器等。数据定义有库文件名称、文件名称、数据大小标识信息、项目名称及其位数、字符性质等。处理内容定义可用关联图表示输入、输出数据间的关系，对处理作简要说明。

3．系统实施

系统实施主要包括：实施计划的制定；实施单位的确定；实施过程的监控；具体项目的实施(软硬件设备的安装、研制、调试等)；具体方案的调整；项目完工验收和移交；人员培训等内容。

办公自动化系统在智能建筑中的实施基础是大楼内的综合布线系统和信息通信系统。大楼内的综合布线系统为大楼内各楼层安装办公自动化设施做好了准备，布线系统的设计不仅考虑了传输速率的要求，而且其模块化结构使办公自动化系统的组网方式更加灵活、方便。

4．系统运行与评估

系统运行与评估主要包括日常运行管理、审计、修正、评估等工作。

第6章 综合布线系统

本章讲述综合布线系统(Premises Distribution System，PDS)的概念、组成、标准规范、设计与实施等内容。为方便起见，我们把综合布线系统、通用布线系统(Generic Cabling System，GCS)和结构化布线系统(Structured Cabling System，SCS)混为一谈。

6.1 PDS 概 述

6.1.1 PDS 的发展历史

建筑物(大厦或园区)的布线系统作为提供信息服务的最末端，其性能的优劣将直接影响到信息服务的质量。传统布线的不足主要表现在：不同应用系统(电话系统、计算机系统、局域网、楼宇自控化系统等)的布线各自独立，不同的设备采用不同的传输线缆构成各自的网络，同时，连接线缆的插座、模块及配线架的结构和生产标准不同，相互之间达不到共用的目的，加上施工时期不同，致使形成的布线系统存在极大差异，难以互换、通用。

这种传统布线方式由于没有统一的设计，施工、使用和管理都不方便；当工作场所需要重新规划，设备需要更换、移动或增加时，只能重新敷设线缆，安装插头、插座，并需中断办公，显然布线工作非常费时、耗资，效率很低。因此，传统的布线不利于布线系统的综合利用和管理，限制了应用系统的变化以及网络规模的扩充和升级。

为了克服传统布线系统的缺点，美国 AT&T 公司贝尔实验室的专家们经过多年的潜心研究，于20世纪80年代末率先推出了 SYSTIMAX PDS 综合布线系统。

6.1.2 PDS 的概念

综合布线系统是一套预先设置的用于建筑物内或建筑群之间为计算机、通信设施与监控系统传送信息的信息传输通道。它将语音、数据、图像等设备彼此相连，同时能使上述设备与外部通信数据网络相连接。综合布线系统为智能大厦和智能建筑群中的信息设施提供了多厂家产品兼容、模块化扩展、更新与系统灵活重组的可能性。它既为用户创造了现代信息系统环境，强化了控制与管理，又为用户节约了费用，保护了投资。可以说综合布线系统已成为现代化建筑的重要组成部分。

综合布线系统应用高品质的标准材料，以非屏蔽双绞线和光纤作为传输介质，采用组合压接方式，统一进行规划设计，组成一套完整而开放的布线系统。该系统将语音、数据、图像信号的布线与建筑物安全报警及监控管理信号的布线综合在一个标准的布线系统内。在墙壁上或地面上设置有标准插座，这些插座通过各种适配器与计算机、通信设备以及楼宇自动化设备相连接。

综合布线的硬件包括传输介质(非屏蔽双绞线、大对数电缆和光缆等)、配线架、标准信息插座、适配器、光电转换设备及系统保护设备等。

6.1.3 PDS 的特点

采用星型拓扑结构、模块化设计的综合布线系统，与传统的布线相比有许多特点，主要表现在系统具有开放性、灵活性、模块化、扩展性及独立性等特点。

1. 开放性

综合布线系统采用开放式体系结构，符合多种国际上现行的标准，它几乎对所有著名厂商的产品都是开放的，并支持所有的通信协议，如 ETHERNET、TOKENRING、FDDI、ISDN、ATM、EIA–232–D、RS–422 等。这种开放性的特点使得设备的更换或网络结构的变化都不会导致综合布线系统的重新铺设，只需进行简单的跳线管理即可。

2. 灵活性

综合布线系统的灵活性主要表现在三个方面：灵活组网、灵活变位和应用类型的灵活变化。综合布线系统采用星型物理拓扑结构，为了适应不同的网络结构，可以在综合布线系统管理间进行跳线管理，使系统连接成为星型、环型、总线型等不同的逻辑结构，灵活地实现不同拓扑结构网络的组网；当终端设备位置需要改变时，除了进行跳线管理外，不需要进行更多的布线改变，使工位移动变得十分灵活；同时，综合布线系统还能够满足多种应用的要求，如数据终端、模拟或数字式电话机、个人计算机、工作站、打印机和主机等，使系统能灵活地连接不同应用类型的设备。

3. 模块化

综合布线系统的接插元件如配线架、终端模块等采用积木式结构，可以方便地进行更换、插拔，使管理、扩展和使用变得十分简单。

4. 扩展性

综合布线系统(包括材料、部件、通信设备等设施)严格遵循国际标准，因此，无论计算机设备、通信设备、控制设备随技术如何发展，将来都可以很方便地将这些设备连接到系统中去。综合布线系统灵活的配置为应用的扩展提供了较高的余量。系统采用光纤和双绞线作为传输介质，为不同应用提供了合理的选择空间。对带宽要求不高的应用，采用双绞线，而对高带宽需求的应用采用光纤到桌面的方式。语音主干系统采用大对数电缆，既可作为话音的主干，也可作为数据主干的备份。数据主干采用光缆，其较高的带宽为多路实时多媒体信息传输留有足够余量。

5. 独立性

综合布线系统的最根本的特点是独立性。图 6.1 是网络体系结构示意图，图中最底层是物理布线，与物理布线直接相关的是数据链路层，即网络的逻辑拓扑结构。而网络层和应用层与物理布线完全不相关，即网络传输协议、网络操作系统、网络管理软件及网络应用软件等与物理布线相互独立。无论网络技术如何变化，其局部网络逻辑拓扑结构都是总线型、环型、星型、树型或以上几种形式的结合。星型的综合布线系统通过在管理间内跳线的灵活变换，可以实现上述的总线型(如 Ethernet/IEEE802.3)、环型(IEEE802.5/Token-Ring，X3T9.5 TPDDI/FDDI)、星型(StarLAN)或混合型(含有环、总线等形式)的拓扑结构，因此采用综合布线方式进行物理布线时，不必过多地考虑网络的逻辑结构，更不需要考虑网络服务和网络管理软件，也就是说，综合布线系统具有与应用的相互独立性。

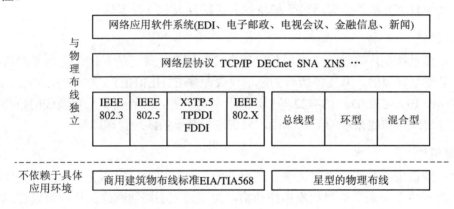

图 6.1

6. 可靠性

综合布线系统采用高品质的材料和组合压接的方式构成一套高标准的信息通道。所有器件均通过 UL、CSA 及 ISO 认证，每条信息通道都要采用物理星型拓扑结构，点到点端接，任何一条线路故障均不影响其他线路的运行，同时为线路的运行维护及故障检修提供了极大的方便，从而保障了系统的可靠运行。各系统采用相同传输介质，因而可互为备用，提高了备用冗余。所以说高品质产品、组合接口、可靠的工艺和规范操作流程确保了系统的高可靠性。

7. 其他特点

PDS 当然还有先进性、经济性(具有良好的初期投资特性，又具有很高的性价比)、可维护性(通用接口、统一管理界面)等等优越的特性。

6.1.4 PDS 的组成

综合布线系统由六个子系统组成，包括工作区子系统、水平区子系统、配线间子系统、垂直干线子系统、设备间子系统及建筑群子系统。图 6.2 为综合布线系统的结构示意图。由于采用星型结构，任何一个子系统都可独立地接入综合布线中。因此，系统易于扩充，布线易于重新组合，也便于查找和排除故障。

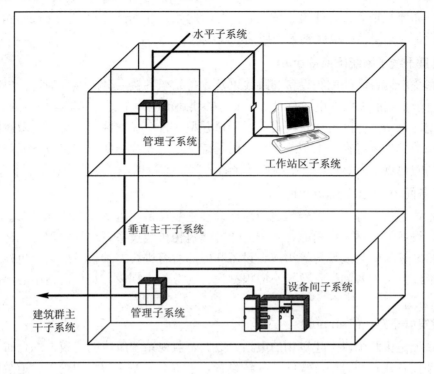

图 6.2

1. 工作区子系统(Work Location)

该子系统是一个可以独立设置终端设备的区域，它包括水平配线系统的信息插座、连接信息插座和终端设备的跳线以及适配器。工作区的服务面积一般可按 5～10 m² 估算，工作区内信息点的数量根据相应的设计等级要求设置(1～5 个)。工作区的每个信息插座都应该支持电话机、数据终端、计算机及监视器等终端设备，同时，为了便于管理和识别，有些厂家的信息插座做成多种颜色(如黑、白、红、蓝、绿、黄)，这些颜色的设置应符合 TIA/EIA 606 标准。

2. 水平区子系统(Horizontal)

该系统由工作区用的信息插座，楼层分配线设备至信息插座的水平电缆、楼层配线设备和跳线等组成。它的功能是将干线子系统线路延伸到用户工作区。一般情况下，水平电缆应采用四对双绞线电缆。在水平子系统有高速率应用的场合，应采用光缆，即光纤到桌面。水平子系统根据整个综合布线系统的要求，应在二级交接间、交接间或设备间的配线设备上进行连接，以构成电话、数据、电视系统和监视系统，并可方便地进行管理。水平子系统的电缆长度应小于 90 m，信息插座应在内部做固定线连接。

3. 配线间子系统

有时也称其为管理间子系统(Administration)，设置在楼层分配线设备的房间内。由交接间的配线设备，输入/输出设备等组成，是干线子系统和水平子系统的桥梁，同时又可为同层组网提供条件。配线间子系统应采用单点管理双交接。交接场的结构取决于工作区、综合布线系统规模和选用的硬件。在管理规模大、复杂、有二级交接间时，才设置双点管理双交接。在管理点，应根据应用环境用标记插入条来标出各个端接场。交接区应有良好的标记系统,如建筑物名称、建筑物位置、区号、起始点和功能等标志。交接间和二级交接间的配线设备应采用色标以区别各类用途的配线区。

4. 垂直干线子系统(Backbone)

该子系统由设备间的配线设备和跳线以及设备间至各楼层分配线间的连接电缆组成。在确定垂直子系统所需要的电缆总对数之前,必须确定电缆中话音和数据信号的共享原则。对于基本型,每个工作区可选定两对;对于增强型,每个工作区可选定三对双绞线;对于综合型,每个工作区可在基本型或增强型的基础上增设光缆系统。如果设备间与计算机机房处于不同的地点,需要把语音电缆连接至设备间,把数据电缆连接至计算机机房。

5. 设备间子系统(Equipment)

该子系统是指在每一幢大楼的适当地点设置进线设备,进行网络管理以及管理人员值班的场所。设备间子系统应由综合布线系统的建筑物进线设备、电话、数据、计算机等各种主机设备及其保安配线设备等组成。设备间内的所有进线终端设备应采用色标以区别各类用途的配线区。设备间位置及大小应根据设备的数量、规模、最佳网络中心等内容综合考虑确定。

6. 建筑群子系统(Campus)

该子系统是由两个以上建筑物的电话、数据、监视系统组成的建筑群综合布线系统,其中包括连接各建筑物之间的缆线和配线设备。建筑群子系统应采用地下管道敷设方式,管道内敷设的铜缆或光缆应遵循电话管道和入孔的各项设计规定。此外,安装时至少应预留一两个备用管孔,以供扩充之用。 建筑群子系统采用直埋沟内敷设时,如果在同一个沟内埋入了其他的图像和监控电缆,应设立明显的共用标志。当然也可架空安装,安装时应防止电缆浪涌电压进入建筑物的电气保护装置。

6.2 PDS 的 设 计

6.2.1 标准规范

PDS 的设计应遵循下列标准规范:

(1) 中国工程建设标准化协会标准《建筑与建筑群综合布线系统工程设计规范》

——CECS 72:97(即 GB/T50311–2000)

(2) 建筑与建筑群综合布线系统工程验收规范

——GB/T50312–2000

(3) 中华人民共和国通信行业标准《大楼通信综合布线系统第 1 部分:总规范》

——YD/T926.1–1997

(4)《商务建筑电信布线标准》《工业企业通信设计规范》

——GBJ42–81

(5) 国际标准化组织/国际电工委员会标准

——ISO/IEC11801:1995

(6) 商业大楼通信通路与空间标准

　　——ANSI/TIA/EIA–569

(7) 商业大楼通信布线标准

　　——ANSI/TIA/EIA–568–A

(8) 商业大楼通信基础设施管理标准

　　——ANSI/TIA/EIA–606

(9) 商业大楼通信布线接地与地线连接需求

　　——ANSI/TIA/EIA–607

(10) 四对 100Q5 类线缆新增传输性能指导原则

　　——ANSI/TIA/EIA–TSB–95

(11) 非屏蔽双绞线端到端系统性能测试

　　——TIA/EIA TSB–67

(12) 集中式光纤布线指导原则

　　——TIA/EIA TSB–72

(13) 开放型办公室新增水平布线应用方法

　　——TIA/EIA TSB–75

6.2.2　设计原则

PDS 是高科技的复杂系统，投资大，使用期限长。"百年大计，质量为重"，一定要科学设计，精心施工，及时维护，才能确保系统达到预期目的。设计时必须考虑以下几点：

(1) 精确理解系统需求和长远计划。PDS 使用期一般较长，考虑应尽量周到。

(2) 考虑未来应用对 PDS 的需求，如若有抗干扰要求的，需采用屏蔽线缆。

(3) 传输介质和接插件在接口和电气特性等方面需保持一致，不宜采用多家产品混用的方式。

(4) 考虑采用最符合国际标准、性价比更优越、工艺标准更高的产品。

(5) 布线产品一般保用期需在 15 年以上。

(6) 水平布线等隐蔽工程尽量一步到位。

(7) 选择实力强大、经验丰富、管理规范、售后服务良好的系统集成商。

(8) PDS 思想应介入前期建筑结构设计中，PDS 实施应介入建筑施工中。

6.2.3　设计步骤

PDS 的设计一般应按下述步骤进行：

(1) 分析用户需求。

(2) 获取建筑物图纸。

(3) 系统结构设计。

(4) 布线路由设计。

(5) 可行性论证。

(6) 绘制 PDS 施工图。

(7) 编制 PDS 用料清单。

如图 6.3 所示。

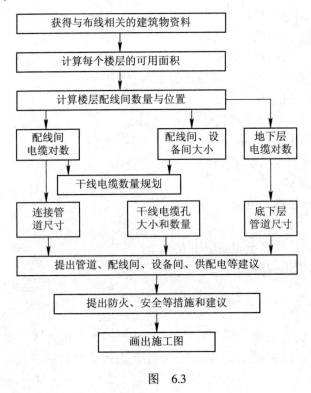

图　6.3

6.2.4　常用产品

PDS 布线部件主要有以下几类。

(1) 配线架：包括建筑群配线架 CD、建筑物配线架 BD、楼层配线架 FD 和转接点 TP。具体产品有机柜、墙柜、110 配线架、网络配线架、空板、理线器、电话和有线电视接线桩/排、光纤配线箱/接线盒 LIU、扎线带、标签等。

(2) 线缆：包括铜缆和光缆。常见的有大对数电话电缆、超五类 UTP 和 STP、多模或单模光纤、同轴电缆(CATV)、普通三类或双绞线(作电话、信号通信用)、护套音视频线、定制铜缆或光缆跳线等。

(3) 管道：用于走线，有 PUV 线槽和 PVC 管、金属桥架、金属管道、弱电井和地沟、金属架空缆、弱电井、架空顶棚等。

(4) 信息插座(IO)：有 RJ45 模块、RJ11 模块、光纤的 ST 或 SC 型耦合器和连接端子、音视频 AV 插座、RF 端子、明盒/暗盒、面板等。

(5) 配线工具：包括打线工具、剥线工具、光纤熔接工具、焊接工具、紧固工具、测试工具等。

网线、光缆和接插件比较著名的厂商有：AMP、AVAYA(LUCENT)、PANDUIT、IBDN、SIEMON、ALCATEL 等。一般地，国际品牌的线缆和接插件至少需保用 15 年，并提供严格的质量保证、详细的安装指南和完善的售后服务保证。目前国内的许多厂商也能提供符合国际标准的类似产品。

　　一般智能建筑(办公楼)的净高在 2.4～3.0 m 之间，吊顶高度在 1.1～1.6 m 之间，地面布线高度在 0.2～0.35 m 之间，这样，层高理论区值在 3.7～4.95 m 之间。

6.3　工作区子系统

　　工作区子系统是指从终端设备出线到信息插座的整个区域，即将一个独立的需要设置终端的区域划分为一个工作区。工作区域可支持电话机、数据终端、计算机、电视机、监视器以及传感器等终端设备。或者将其简单地归结为插座、适配器、桌面跳线等的总称。

6.3.1　信息插座类型

　　PDS 的信息插座大致可分为嵌入式安装插座、表面安装插座、多介质信息插座三类。其中，嵌入式和表面安装插座是用来连接三类和五类双绞线的，多介质信息插座是用来连接双绞线光纤，即用以解决用户对"光纤到桌面"的需求的。

　　应根据用途及综合布线的设计等级和客户需要，确定信息插座的类别。一般新建筑物通常采用嵌入式信息插座，现有建筑物则采用表面安装的信息插座。

6.3.2　信息插座数量

　　信息插座数量的确定应按如下几点考虑。

　　(1) 根据建筑物的结构、用途和设计等级确定每个工作区的数量密度(可分为基本型和增强型两类)。

　　(2) 根据用户需求确定每区的数量。

　　(3) 根据楼宇的平面图计算实际可用的空间。所以

　　　　　　信息点总数量=Σ每工作区点数　　　　　　　　　//精确估算

或者

　　　　　　信息点总数量=总面积÷每区面积×信息点系数　　//平均估算

这里每区面积一般为 10 m^2，信息点系数取 1～5。

6.3.3　适配器的使用

　　选择适当的适配器，可使综合布线系统的输出与用户的终端设备保持完整的电器兼容。一般适配器的选择应遵循如下原则：

　　(1) 不同信息插座应采用专用电缆或适配器；

　　(2) 在单一信息插座上进行两项服务时，宜用"Y"型适配器；

　　(3) 在配线(水平)子系统中选用的电缆类别(介质)不同于设备所需的电缆类别(介质)时，宜采用适配器；

　　(4) 在连接使用不同信号的数模转换或数据速率转换等相应的装置时，宜采用适配器；

(5) 对于网络规程的兼容性，可用配合适配器；

(6) 根据工作区内不同的电信终端设备(例如 ISDN 终端)，可配备相应的匹配器。

6.3.4　RJ45 铜缆跳线

传统的语音通信采用 RJ11 插头，而网络数据通信采用 RJ45 插头。由于 RJ45 插座也兼容 RJ11 插头，所以目前的综合布线一般只布 RJ45 插座。

RJ45 插座有两个国际标准：T568A(符合 ISDN 国际标准)和 T568B(ALT，在北美洲广泛应用)，两者外观一样，只是线的排列次序不同。

T568A(或称 A 类打线)的排列顺序为：绿白、绿、橙白、蓝、蓝白、橙、棕白、棕。

T568B(或称 B 类打线)的排列顺序为：橙白、橙、绿白、蓝、蓝白、绿、棕白、棕。

它们都使用 1236 针通信(12 发送，36 接收)，只是橙绿顺序颠倒，所以若跳线一头采用 T568A，另一头采用 T568B，则刚好是反跳线。若两头采用同一打线方法，即为普通跳线。

在整个工程中，一定要采用一种打线方法，不可混用。我们建议采用 T568B 标准的打线。

另外，RJ11 采用 23 针通信，相当于 RJ45 的 45 针。

6.3.5　模块和面板

模块有打线式和压卡式两种。

面板有单口和多口式，有平面和斜口面板。面板一般带防尘盖。

安装时有嵌入安装(暗盒)和表面安装(明盒)两种，地插盒一般是圆形铸铁制作的，弹开式面板是铜或不锈钢制作的。盒内留线 25 cm 左右以便维修。

6.3.6　光纤插座与跳线

在高档智能建筑物中已有部分光纤到桌面，以支持千兆到桌面。光纤插座(Fiber Jack，FJ)的外型与 RJ45 类似，有单工和双工之分，端接器有 ST(圆形)和 SC(方形)两种型号，有时提供铰链盘以缠绕光纤尾线。光纤跳线一般是橙色的双股软跳线，缠绕比光缆容易(曲率半径要求大些)，但要防止拉断和割伤。

6.4　水 平 子 系 统

水平子系统包括楼层配线间至工作区信息插座间的所有布线，所以也称配线子系统。这是 PDS 中布线量最大，也最复杂的子系统，实现了信息延伸到每个房间的每个角落。其一般采用星型结构，沿楼层地板、墙脚、墙角或吊顶走线。

6.4.1　线缆类型

水平子系统的线缆选择，必须根据建筑物信息的类型、容量、带宽和传输速率等因素来确定，常见的有以下三种类型。

(1) 四对 100 Ω 非屏蔽双绞线电缆(UTP)：有三类、五类、超五类、六类等，其技术参数是四对双绞线，分蓝、绿、橙、棕四色，符合美国 24AWG 线规，直径为 5.1 mm 左右，有尼龙拉绳，铜导线直径在 0.4～1 mm 之间，反方向扭绞，扭距 3.81～14 cm，以提高抗干扰性、减小特性阻抗、衰减和近端串扰等性能参数。

(2) 四对 100 Ω 屏蔽双绞线电缆：分 FTP(铝铂屏蔽)、STP(独立双层屏蔽)、SFTP(铝铂或金属网双层)三种，技术指标基本同 UTP，只是中间有漏电线，四对双绞线间有螺旋状绝缘橡胶，包皮与线之间有铝铂或金属网屏蔽。它提高了抗干扰和串扰能力，更主要的是保密性好，可防自身辐射，防被窃听，直径为 6.1 mm 左右。

(3) 62.5/125 μm 多模光纤(Multi Mode Fiber)：这里 62.5 和 125 分别指光纤的内外径，具有光耦合效率高，光纤对准要求不太严格，微弯曲损耗不太灵敏等优点。分下列三种：

- 长波 LX：波长为 1300 nm，衰减 1 dB/km，带宽 500 MHz·km，传输距离小于 2000 m。
- 短波 SX：波长为 850 nm，衰减 3.75 dB/km，带宽 160 MHz·km，传输距离小于 550 m。
- 8.3/125 μm 单模光纤(Single Mode Fiber)：波长一般为 1310 nm，带宽比多模高 1～2 个数量级(几万 MHz·km)，传输距离达几十千米以上，价高，很少用于水平布线。

(4) 其他还有 50 Ω 或 75 Ω 的同轴电缆、50/125 μm 的多模光纤、10/125 μm 的单模光纤等。

6.4.2　布线设计

1. 插座类型和数量

(1) 根据建筑物结构和用户需求确定传输介质和信息插座的类型。

(2) 根据楼层平面图计算可用空间、信息插座类型、数量。

(3) 确定信息插座安装位置及安装方式。

2. 路由确定

根据建筑物结构、用途，将水平子系统设计方案贯穿于建筑物的结构之中，这是最理想的。但大多数的情况是新建筑物的图样已经设计完成，只能根据建筑物平面图来设计水平子系统的走线方案。档次比较高的建筑物一般都有天花板，水平走线可在天花板(吊顶)内进行。对于一般建筑物，水平子系统采用地板下或隔墙内的管道布线方法。

走线原则是隐蔽、安全、美观、整洁、安装和维护方便、节省材料。

3. 线缆类型和数量

确定导线的类型应遵循下述原则：

(1) 比较经济的方案是光纤、双绞线混合的布线方案。

(2) 对于 10 Mb/s 以下低速数据和话音传输及控制信号传输，采用三类或五类双绞线。

(3) 对于 100 Mb/s 的高速数据传输，多采用五类双绞线。

(4) 对于 100 Mb/s 以上的宽带的数据和复合信号的传输，采用光纤或六类以上的双绞线。

(5) 对于特殊环境，还需采用阻燃等特种电缆。

确定导线的长度应遵循下述原则：

(1) 确定布线方法和线缆走向。

(2) 确定管理间或楼层配线间所管理的区域。

(3) 确定离配线间最远、最近的信息插座的距离。

(4) 双绞线水平布线长度一般不大于 90 m。加上桌面跳线 6 m，配线跳线 3 m，应小于 100 m。若超过 100 m，需采用其他介质或通过有源设备中继。

(5) 多模短波光纤布线长度必须小于 550 m，超过 2 km 必须采用单模光纤。

(6) 无论铜缆还是光缆，传输距离与传输速率成反比。

(7) 平均电缆长度=(最远+最近两条电缆路由总长)÷2

　　　总电缆长度=(平均电缆长度+备用部分(平均长度的 10%)+端接容差(一般设为 6 m))

　　　　　　　　　×信息总点数

(8) 鉴于双绞线一般按箱订购，每箱 305 m(1000 英尺，每圈约 1 m)，而且网络线不容许接续，即每箱零头要浪费，所以

　　　　　　　　每箱布线根数=(305÷平均电缆长度)，并取整

则

　　　　　　　所需的总箱数=(总点数÷每箱布线根数)，并向上取整

(9) 也可采用 500 m 或 1000 m 的配盘，光纤皆为盘型。

6.4.3　布线方法

水平布线由于量大、分散，需要根据建筑物特点，从路由最短、价格最低、施工方便、布线规范等方面综合考虑。常见的有以下几种布线方法。

(1) 直接埋管法。在土建施工同时预埋金属管道或 PVC 管(只能用于墙内)，超过 30 m 或在转弯等适当位置设分线盒或分线箱，当线较多时，可采用排管铺设。这种布线方法的优点是设计简单、隐蔽；缺点是穿线难度大，金属管易划破双绞线包皮，接口焊接不当易造成堵塞，排管会提高施工难度和造价等。所以一般用于新建或新装修的建筑且点数较少的情形。

(2) 先走吊顶内线槽，再走支管到信息插座的方法。这种方法适合布线数量很多的情形，吊顶内线槽(桥架)相当于总线，用钢筋支架吊装。其优点是工程量少，维护方便。

(3) 地面线槽法。这种方法在地面开槽或在地面固定线槽，每隔一定间距设过线盒或出线盒，通过支管到信息插座。适用于大开间办公区或需要隔断的场合。

(4) 墙壁走线槽法。这种方法一般用于旧建筑改造，用大的线槽作总线，小线槽引入到信息插座。因为是明线布线，施工、维护方便，造价节省。但要注意整洁美观，另外，屏风隔断内也可有走线槽。

布线管道有金属管道和 PVC 两类。金属管道比较好的有双面镀锌管，直径 25 mm，一般走线 7 根，桥架 100×100 mm 的可走 100 根线左右。PVC 管一般用于隐蔽走线，走明线大多采用线槽。

6.4.4　布线要点

布线要点可归纳为如下几点：

(1) 双绞线的非扭绞长度，三类小于 13 mm，五类小于 25 mm，最大暴露双绞线长度小于 50 mm。

(2) 采用专用的剥线和打线工具，不能剥伤绝缘层或割伤铜线。

(3) 使用打线工具时，一定要保持用力方向与工作面的垂直，用力要短、快，不要用柔力，以免影响打线质量。

(4) 双绞线在弯折时不要出现尖角，一定要圆滑过渡，并保持走线的一致与美观。UTP 的弯曲半径要大于线外径 4 倍；STP 应大于线外径 6 倍；干线双绞线的弯曲半径要大于线外径 10 倍；光缆要大于其线外径 20 倍。

(5) 布线时施加到每根双绞线的拉力不要超过 100 N(10 kg)，布线后线缆不要存在应力。线缆捆绑时，不要将线缆捆变形，否则使线缆内部双绞线的相对位置改变，将影响线缆的传输性能。

(6) 一般工作区出线盒留线 20 cm，配线间留线长度为能走线到机柜的最远端的距离，光缆留线 3～6 m。

(7) 必须保证光纤连接器的清洁，每个端接器的衰减小于 1 dB。

6.4.5　电磁干扰

UTP 与强电线平行时会产生电磁干扰。表 6.1 给出了布线与电磁干扰源的最小距离。

表 6.1

条　　件	最小分离距离/mm		
	<2 kW	2～5 kW	>5 kW
接近于开放或无金属旁路的无屏蔽电力线或电力设备	127	305	610
接近于接地金属导体通路的无屏蔽电力线或电力设备	64	152	305
接近于接地金属导体通路的封装在接地金属导体内的电力线	—	76	152
变压器和发电机	1016		
日光灯	305		

当电磁干扰源有良好的屏蔽时，水平布线的距离可成倍地减少；若水平布线也有良好的屏蔽时，水平布线与电磁干扰源的距离还可减少。

在大楼中，对水平布线系统影响较大的电磁干扰源是：变压器、电动机和日光灯。应注意对于电压大于 480 V、功率大于 5 kW 的情况要单独考虑，其方法同样为加大间距、增加屏蔽。

实际施工中，对普通 220 V 市电，平行时距离应在 200 mm 以上。

6.5　干线子系统

干线子系统一般在大楼的弱电井内(建筑上一般把方孔称为井，圆孔称为孔)，位于大楼的中部，它将每层楼的通信间与本大楼的设备间连接起来，构成综合布线结构的最高层——星型结构。星位在各楼层配线间，中心位在设备间。干线子系统也称垂直子系统、主干子系统、骨干电缆系统。

干线子系统负责把大楼中心的控制信息传递到各楼层，同时会聚各楼层信息到控制中心，一般还包括外界的信号接入与传出。

干线子系统也有采用总线结构或环型结构的。

6.5.1 传输介质

常用的传输介质如下所述：

(1) 四对 100 Ω 双绞线电缆(UTP，STP)。

(2) 大对数 100 Ω 双绞线电缆(UTP，STP)。每 25 对为一束，共 N 束合股并增加强度而成，分为三类、五类两种。使用中还应注意一个原则——不同功能分开，也就是不同功能的线对不能在同一条电缆的同一束中，以避免相互干扰，但可在同一根电缆的不同束中。

(3) 62.5/125 μm 多模光纤。一般是 4 芯、6 芯、12 芯组合构成的光缆。

(4) 8.3/125 μm 单模光纤。这种光纤也用得不多。

(5) 同轴电缆。这种电缆早期较常见。

6.5.2 拓扑结构

干线子系统常见的有下列几种拓扑结构。

(1) 星型结构：主配线架为中心节点，各楼层配线架为星节点，每条链路从中心节点到星节点都与其他链路相对独立。可以集中控制访问策略，目前最常见。其优点有维护管理容易，重新配置灵活，故障隔离和检察容易；缺点有施工量大，完全依赖中心节点。

(2) 总线型结构：所有楼层配线架都通过硬件接口连接到一个公共干线上(总线)，如消防报警系统。它仅仅是一个无源的传输介质，楼层配线间内的设备负责处理地址识别和进行信息处理。本结构布线量少，扩充方便，但故障诊断与隔离困难。

(3) 环型结构：各楼层配线间的有源设备相接成环，各节点无主次之分，分单环和双环两种。信息以分组信息发送，适宜于分布式访问控制。电缆总长度短，常见于光纤，但访问控制协议复杂，节点故障可能引发系统故障。

(4) 树型结构：多层的星型结构。

注意：物理的拓扑结构和应用的逻辑拓扑结构可以是不一致的。

6.5.3 设计建议

有下列几条设计建议在设计时应该考虑：

(1) 在确定干线子系统所需的电缆总对数之前，必须确定电缆中话音和数据信号的共享原则。

(2) 对于话音，主干线和水平配线(馈线/配线)的推荐比例为 1:2；对于数据，推荐比例为 1:1。对于主干电缆(话音和数据系统)，为将来扩容考虑，通常应有 20％的余量。

(3) 确定每层楼的干线电缆要求，根据不同的需要和经济性(价格)选择干线电缆类别。要注意不同线缆的长度限制：双绞线<100 m，1000Base-SX 多模短波<550 m，100Base-SX <2 km，1000Base-LX 单模光纤<3 km。

(4) 应选择干线电缆最短、最安全和最经济的路由。宜选择带盖的封闭通道敷设干线电缆。

(5) 干线电缆可采用点对点端接，也可采用分支递减端接以及电缆直接连接的方法，当然也可混合端接。

点对点接合是最简单、最直接的接合方法，但是由于干线中的各根电缆长度不同，粗细不同，因而设计难度大。其优点是在干线中可采用较小、较轻、较灵活的电缆，不必使用昂贵的接线盒，故障范围可控；其缺点是干线缆数目较多。

分支接合方法是由干线电缆中一根很大的主馈电缆，经过绞线盒分出若干根小电缆，分别接到邻近楼层的配线间。其优点是干线中的主馈电缆数目较少，可节省时间，成本低于点对点接合方式。

(6) 如果设备间与计算机机房处于不同的地点，而且需要把话音电缆连接至设备间，把数据电缆连接至计算机机房，则宜在设计中选择干线电缆的不同部分来分别满足话音和数据的需要。

(7) 注意防火、阻燃、强绝缘、防屏蔽、防鼠咬，合理接地，加强防护强度，紧固防振。根据我国国情和标准规范要求，一般常采用通用型电缆，外加金属线槽敷设。特殊场合可采用增强型电缆敷设。

(8) 尽量选购单一规格的大对数电缆，一方面可以批量采购，另一方面可以减少浪费。

(9) 干线电缆的长度可用比例尺在图纸上实际量得，也可用等差数列计算。每段干线电缆长度要有备用部分(约 10%)和端接容限(可变)的考虑。相对于水平子系统来说，毕竟干线电缆的数量较少，一般根据大楼的楼层高度进行计算会更准确些。

6.5.4　布线方法

大型建筑中都有开放型的弱电井和弱电间。选择干线电缆路由的原则应是最短、最安全、最经济。垂直干线通道有两种方法可供选择：电缆孔法和电缆井法。水平干线有管道法和托架法两种。

(1) 电缆孔法：垂直固定在墙上的一根或一排大口径圆管，大多是直径 10 cm 以上的钢管，垂直电缆走线其中，常见于楼层配线间上下对齐时的情形。

(2) 电缆井法：即弱电井，与强电井一样是高层建筑中必备的，是一个每层有小门的独立小房间，房内楼板上的方孔从低层到顶层对直，垂直电缆走线其中，并捆扎于钢绳上，固定在墙上；也可以放置垂直桥架，走线缆于桥架内。

(3) 管道法：楼层水平方向上预埋金属管道或设置开放式管道，对水平干线提供密封、机械保护、防火等功能。这种布线方法不太灵活，造价也高，常见于大型厂房、机场或宽阔的平面型建筑物。干线电缆穿入金属管道的填充率一般为 30%～50%。

(4) 托架法：也叫托盘、水平桥架，可以是梯子型金属架或密封有盖的方槽。常安装于吊顶内、天花板上，适用于线缆数量较大、变动较多的情形。该方法安装维护方便，但托架和支撑件较贵，占空大，防火难，不美观。

各种方法的比较如表 6.2 所示。

表 6.2

方 法	优 点	缺 点
电缆孔	防水，防火，经济，易于安装	穿线空间小，不如电缆井法灵活
电缆井	灵活，占用空间小	难于防火，安装费用高，可能损坏楼板的结构完整性
金属管道	防火，美观，提供机械保护	灵活性差，成本高，需要周密筹划
托架法	电缆容易安装，不必把电缆穿过管道	电缆外露，成本高，可能影响美观，难于防火

6.6 配线间管理子系统

管理子系统分布在建筑物每层的配线间内，由配线间的配线设备(双绞线跳线架、光纤跳线架、机柜)以及输入/输出设备等组成，主要完成垂直子系统与水平子系统的转接。其交连方式取决于工作区设备的需要和数据网络的拓扑结构。

通过配线间的中转，可以方便地管理复杂的网络，提供灵活的配置能力，故障检测与隔离简单。

6.6.1 配线间的选择

图 6.4 所示为一个配线间，配线间的选择应遵循下述几条原则：

(1) 面积可大可小，根据本楼层需放置的配线设备数量和管理需求确定，其甚至可以是一个墙柜。

(2) 位置一般位于楼层中间，靠近弱电井，远离电磁、振动等干扰源。

(3) 确保安全，包括防火、防水、防潮、防爆、防止非授权改动跳接。

(4) 信息点少时，相邻楼层配线间可合并为一个，但不能超过线缆极限距离。

图 6.4

6.6.2　配线设备的选择

(1) 配线柜：有墙柜，立地机柜分全高(2 m)、半高，外沿宽度为 60～80 cm，深度为 60～90 cm，内支撑架宽为标准的 19 英寸，还有敞开式配线机架及特殊的定制配线柜等。

(2) 配线架：有标准的 19 英寸 RJ45 配线架，110 系列夹接式(110A，不方便经常进行修改、移位或重组)和插接式(110P，方便经常进行修改、移位或重组)模块，LGX 光纤配线架，600B 混合配线架，电话接线排桩等。

(3) 空板、理线器、过线槽、紧固件、扎线带、标签带/条等。

(4) 打线工具、压接工具、熔接工具、标签打印工具等。

(5) 电源：支持机柜风扇以及有源网络通信设备。

一般根据本层信息点数量与分类使用不同的配线设备，并确定数量。如采用 24 口 RJ45 配线架，则每 200 点设一个全高机柜；若大楼内需配 100 对模拟电话容量，采用 110 配线架需要 200 对，100 对连接电信，100 对连接桌面，通过跳线灵活完成电话配号。

配线设备的数量必须考虑一定的冗余量。

布线时，同类信息点应尽量放在一起，不同功能的配线分开放置。

另外，110 连接块一般能支持 200 次以上的重复卡线。

6.6.3　综合布线标记

布线标记/标签可以表示端接区域、物理位置、编号、信息点性质、容量规格等，使维护人员在现场维护时能一目了然。常见标记如下所述。

(1) 综合布线使用三种标记：电缆标记、区域标记、接插件标记，其中接插件标记最常用，分为不干胶标记条和插入式标记条。

(2) 综合布线的每条线缆、光缆、配线设备、端接点、安装通道和安装空间都应给定惟一的标识，标识中可包括名称、颜色、编号、字符串或其他组合。

(3) 配线设备、缆线、信息插座均应设置不易脱落和磨损的标识，并应有详细的书面记录和图纸资料。

(4) 电缆和光缆的两端应采用不易脱落和磨损的不干胶标记条标明相同的编号。

(5) 所有标记必须记录准确、更新及时，编排便于查阅。

每个信息点标记应该提供以下信息：楼幢号、楼层号、工作区号、房间号、房内信息序号、信息类型号。它们都可以用数字或英文字母表示，为方便阅读，一般以字母开头，数字和字母间隔表示，或者用 "–" 或 "." 分割。如 A15C11 - 07I 表示 A 号楼 15 层 C 区 11 号房间的第 7 个点，是个国际互联网点。房内信息序号一般是进门按顺时针记数的信息端口顺序号。

但是，对 RJ45 配线架上贴的标签，其宽度一般只能支持 6、7 个字母数字，所以我们应根据实际布线环境灵活运用。如只有一幢办公楼，每间信息点数量不超过 10 个，可采用 "房间号+信息类型+序号" 的方式，1507T5 表示 1507 号房间(15 楼)的第 5 个信息点是电话。

机柜上的每个信息口也可标记，如机柜号+配线架号+端口序号。例如 A07 - 11 表示 A 机柜上从上往下数第 7 个配线架，从左向右第 11 个端口。

配线架上的每根短跳线至少应该提供序号。

6.6.4　管理交接方案

有下述三种交接方案可供选择。

(1) 单点管理单交连：常用于语音终端，管理规模小的环境下。见图 6.5(a)所示。

(2) 单点管理双交接：当建筑物的规模不大，管理规模适中时，采用这种方式。见图 6.5(b)所示。

(3) 双点管理双交接：当建筑物单层面积大，管理规模大时，多采用二级交接间，即双点管理双交换方式。见图 6.5(c)所示。

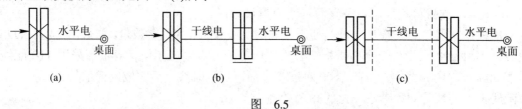

图　6.5

6.6.5　配线间管理文档

配线间的管理文档一般应包括下列内容：

(1) 配线间平面图，包括配线间位置与尺寸，电缆井、空、管道、桥架的位置，线缆进出走向，配线柜位置与功能，网络通信设备的位置，配线间内各设备的互联方式。

(2) 线缆、模块、配线架的数量清单、位置、标签、对应连接点一览表。

(3) 配线转接对应表。

(4) 配线修改记录表。

6.6.6　智能布线管理系统

在综合布线过程和运用中，大量的资料和工作状态信息需要保存和记录，包括设备和线缆的位置、走向、作用、使用部门、网络拓扑结构、传输信息状况等，以及设备的配置状况、硬件编号、色标和链路的功能、特征参数、链路运行状况等等。

为便于管理和监控，各综合布线厂商推出了各类智能化布线产品，如以色列 RIT 公司的 Patch View 系统，美国 Panduit 公司的智能布线系统等，他们都能实时监控布线系统的运行状况，所有的跳线改变都能反映到管理工作站上，并提供最新的配置拓扑图，指导网络管理员规划和实施连接线路的改变。

6.7　设备间子系统

设备间由综合布线系统的建筑物进户线及其他设备、电话、数据、计算机等各种主机设备和保安设备等构成。一般位于建筑物中间偏下的楼层。可按以下标准设计设备间子系统：

- 《电子计算机机房设计规范》GB50174—93；
- 《计算机场站技术条件》GB2887—89；
- 《工业企业程控用户交换机工程设计规范》CECS09:89。

一个设备间子系统如图 6.6 所示。

图　6.6

6.7.1　设计原则

确定设备间位置一般应遵守下列条款：

(1) 尽量建在建筑物平面及其综合布线系统干线综合体的中间位置；

(2) 尽量靠近服务电梯，以便装运笨重设备；

(3) 尽量避免设在建筑物的高层或地下室以及用水设备的下层；

(4) 尽量远离强振动源和强噪声源；

(5) 尽量避开强电磁场的干扰源；

(6) 尽量远离有害气体源以及存放腐蚀、易燃、易爆物的场所；

(7) 尽量靠近弱电井以减少线缆浪费。

设备间子系统的硬件大致与管理子系统的硬件相同，基本上由光纤、铜线电缆、跳线架、引线架和跳线构成，只不过是规模比管理子系统大得多。设备间要增加防雷、防过压及过流的保护设备。这些防护设备是同电信局进户线、程控交换机主机及计算机主机配合设计安装的，有时需要综合布线系统配合设计。

设备间的所有进线终端设备，宜采用色标表示：绿色表示网络接口的进线侧，即电话局线路；紫色表示网络接口的设备侧，即中继/辅助场总机中继线；黄色表示交换机的用户引出线；白色表示干线电缆和建筑群电缆；蓝色表示设备间至工作站或用户终端的线路；橙色表示来自多路复用器的线路。

设备间根据规模和功能需要，可以划分在多个独立房间。

6.7.2 面积测算

面积测算一般应注意下列事项。

(1) 根据设备间的数量、规模、最佳网络中心等因素来综合考虑设备间的位置和大小。

(2) 中间应留出一定的空间，以便容纳未来的交连硬件。

(3) 有充裕的管理维护空间，甚至包括维修用房，值班休息用房。

(4) 门的宽度最少 90 cm，高度大于 2.1 m 或与其他门一致。

(5) 楼板荷重依设备而定，A 级：大于等于 500 kg/m²，B 级：大于等于 300 kg/m²。若不足，应加固。

(6) 实用面积一般不少于 20 m²，可按以下两种方式估算：

$$S=(5\sim7)\sum 每设备占地面积$$

或

$$S=(4.5\sim5.5\ m^2)\times 设备总数$$

6.7.3 环境控制

(1) 温、湿度：根据综合布线系统有关的设备和器件对温、湿度的要求，可将温、湿度分为 A、B、C 三级，设备间可按某一级执行，也可按某些级综合执行。见表 6.3。

表 6.3

	A 级		B 级	C 级
	夏季	冬季		
温度℃	22±4	18±4	12～30	8～35
相对湿度	40%～65%		35%～70%	20%～80%
温度变化率℃/h	<5 且不凝露		<10 且不凝露	<15 且不凝露

过高的室温会使元器件失效率急剧增加，寿命下降；过低的室温又会使磁介质发脆，容易断裂；温度的波动会产生"电噪声"，使微电子设备不能正常运行；相对湿度过低，容易产生静电，过高会使微电子内部焊点和插座的接触电阻增大。

设备间热量的产生有：设备发热量；设备间外围传热量；室内人员发热量；照明发热量；新风发热量等。我们把以上总发热量乘以系数 1.1 作为空调选择依据。而且空调选择依据还有南方及沿海地区须有去湿功能，北方和内地须有加湿功能等。

(2) 尘埃：设备间内对尘埃的要求依存放在设备间的设备和器件要求而定，尘埃以及微生物的作用会导致线路短路或被腐蚀。

(3) 噪声：一般要小于 70 dB，如果长时间在 70 dB 以上噪声的环境下工作，不仅影响人的身心健康和工作效率，还可能造成人为的操作事故。若设备噪声太大，应与网管人员办公区分隔。

(4) 照明：距地面 0.8 m 处，照度应不低于 200 lux。应设置应急照明设施。

6.7.4　电气保护

目前，电磁干扰越来越多，越来越强。各类无线电发射台、站、塔，手机、对讲机等无线电设备和各种用电设备，都会产生很多的电磁信号。综合布线的每根线缆作为金属导体，会接收到所有的电磁信号，干扰正常信号的传输。要把干扰影响降到最低，最好的方法是采用屏蔽线缆或把非屏蔽线缆放入一个屏蔽接地系统中(主要是金属管槽中)。

(1) 大楼基础 5 m 外重新建立一个接地电阻小于 4 Ω(或符合网络设备最严要求)的独立地，使用截面积不小于 16 mm² 的铜板引入到大楼内，再使用不小于 12 mm² 的接地电缆引入到设备间，取代供电系统提供的保护地。

(2) 保持金属线槽的电气连接性，并在线槽中放置一根 4 mm² 的接地电缆，以增强蔽屏效果。

(3) 金属线槽的外形以扁平为主，线缆的放置量以不超过横截面积的一半为合适。

(4) 设备间内机柜、机架、抗静电地板、金属体都要接地。

(5) 设备间无线电干扰场强，频率应在 0.15～1000 MHz 范围内，强度不大于 120 A/m。设备间内磁场干扰场强不大于 800 A/m。

6.7.5　安全保障

1．设备间的安全

设备间的安全分为 A、B、C 三个类别，具体见表 6.4。

表 6.4

安全项目	C 类	B 类	A 类	安全项目	C 类	B 类	A 类
场地选择	×	√	√	防水	×	√	★
防火	√	√	√	防静电	×	√	★
内部装修	×	√	★	防雷击	×	√	★
供配电系统	√	√	★	防鼠害	×	√	★
空调系统	√	√	★	电磁波防护	×	√	√
火灾报警及消防设施	√	√	★				

(×号为不作要求；√号为要求或加强；★号为严格要求)

2．结构防火

(1) C 类：建筑物的耐火等级应符合 TJ16－1974《建筑设计防火规范》中规定的二级。与 C 类设备间相关的其余基本工作房间及辅助房间，建筑物的耐火等级不应低于 TJ16－1974 中规定的三级耐火等级。

(2) B 类：建筑物的耐火等级必须符合 GBJ45－1982《高层民用建筑设计防火规范》中规定的二级耐火等级。

(3) A 类：建筑物的耐火等级必须符合 GBJ45－1982 中规定的一级耐火等级。

(4) 与 A、B 类安全设备间相关的其余工作房间及辅助房间，建筑物的耐火等级不应低于 TJ16－1974 中规定的二级耐火等级。

3．内部装修

设备间装饰材料应符合 TJI6－1974《建筑设计防火规范》中规定的难燃材料或非燃材料，应能够防潮、吸声、不起尘和抗静电等。

(1) 地面：为了方便敷设电缆线和电源线，设备间的地面最好采用抗静电活动地板。具体要求应符合《计算机机房用地板技术条件》标准。带有走线口的活动地板称为异形地板。其走线口应做到光滑，防止损伤电线、电缆等设备。设备间地面所需异形地板的块数是根据设备间所需引线的数量来确定。设备间地面切忌铺地毯。其原因是容易产生静电和容易积灰。放置活动地板的设备间的建筑地面应平整、光洁、防潮和防尘。

(2) 墙面：应选择不易产生尘埃，也不易吸附尘埃的材料。目前大多数是在平滑的墙壁涂阻燃漆，或在平滑的墙壁覆盖耐火的胶合板。

(3) 顶棚：为了吸声及布置照明灯具，设备顶棚一般在建筑物梁下加一层吊顶。吊顶材料应满足防火要求。目前，我国大多数采用铝合金或轻钢作龙骨，安装吸声铝合金板、难燃铝塑板和喷塑石英板等。

(4) 隔断：根据设备间放置的设备及工作需要，可用玻璃将设备间隔成若干个房间。隔断可以选用防火的铝合金或轻钢作龙骨，安装 10 mm 厚玻璃，或者从地板面至 1.2 m 处安装难燃双塑板，1.2 m 以上需安装 10 mm 厚的玻璃。

4．火灾报警及灭火设施

(1) A、B 类设备间应设置火灾报警装置。在机房内、工作房间、活动地板下、吊顶上方、主要空调管道中及易燃物附近部位应设置感烟和感温探测器。

(2) A 类设备间内设置卤代烷 1211、1301 或 CO_2 自动灭火系统，并备有手提式卤代烷 1211、1301 或 CO_2 灭火器。

(3) B 类设备间必须设置 CO_2 自动灭火系统和手提式 CO_2 灭火器。在条件许可的情况下，应设置卤代烷 1211、1301 自动消防系统，并备有手提式卤代烷 1211 和 1301 灭火器。

(4) C 类设备间必须设置手提式 CO_2 灭火器，或备置手提式卤代烷 1211 或 1301 灭火器。

(5) A、B、C 类设备间禁止使用水、干粉或泡沫等易产生二次破坏的灭火剂。

(6) 为了在发生火灾或意外事故时网管人员迅速疏散，须有直通室外的安全出口。

6.7.6　供配电系统

1．设备间供电电源

设备间供电电源应满足下列要求。

(1) 频率：50 Hz。

(2) 电压：380 V 或 220 V。

(3) 相数：三相五线制、三相四线制或单相三线制。

设备间内供电容量：将设备间内每台设备用电量的标称值相加后，再乘以系数 1.7。

2．供电系统

(1) 直接供电：把市电直接送到配电柜，经配电柜分配到各用电设备。其优点是供电线路简单、设备少、投资低、运行费用少及维护方便等；缺点是对电网供电质量要求较高，易受周边负载变化的影响。

(2) 不间断电源 UPS：具有稳压、温频、抗干扰、防浪涌和提供蓄电等功能。UPS 分为在线式和离线式两种。它的供电质量高，但价格昂贵，维护成本高，而且占空间。一般只能为关键设备在线提供后备用电。UPS 最好选用智能化的。

(3) 其他供电设备：双回路供电，柴油发电机及普通稳压器等。

3．电源布线

(1) 从总配电房到设备间使用的电缆，除应符合 GBJ232－1982《电气装置安装工程规范》中配线工程中的规定外，截流量应减少 50%。设备间内设备用的配电柜应设置在设备间内，并采取防触电措施。设备间设备的电力供应(不包括空调)，单独从本大楼的配电房引线，以保证其他用电设备对设备间设备影响最小。

(2) 设备间电源插头均应镀铅锡处理，冷压连接。

(3) 设备间内的各种电力电缆应为耐燃铜芯屏蔽的电缆。各电力电缆如空调设备、电源设备等的供电电缆不得与双绞线走线平行。它们交叉时，应尽量以接近于垂直的角度交叉，并采取防阻燃措施。

(4) 在三相平衡线性供电负载时，要求中性线负载能力大于相线，接地良好。

(5) 提供详细的配电柜闸刀、空气开关与对应控电区域的关系。

4．插座

(1) 新建建筑可预埋管道和接线盒，旧建筑可贴墙走明线或从架空地板下走管道。

(2) 插座数量按 20～40 个/100 m^2，并与信息点数量相匹配。

(3) 插座离地一般大于 40 cm，离信息插座大于 30 cm。

(4) 每个电源插座的线径和容量，应按设备间的设备用电容量来定，插座必须接地线。

(5) 单相电源的三孔插座与三相电压(L+N+PE)的对应关系：正视其右空为相/火线；左空为中性/零线；上空为接地线。一定要严格遵循接线规范。

5．接地

(1) 机柜接地应用线直径大于 2.059 mm 的 12 AWG 线缆。

(2) 配线架接地应用线直径大于 2.593 mm 的 12 AWG 线缆。

(3) 屏蔽电缆接地应用线直径大于 4.118 mm 的 6 AWG 线缆。

(4) 接地干线一定要大于支线。

(5) 接地电阻一定要在 4 Ω 以下。

6.8　建筑群子系统

建筑群子系统是在多幢建筑物之间建立数据通信连线。这部分布线系统可以是架空电缆、直埋电缆、地下管道电缆或者是这三者敷设方式的任意组合，当然，也可以用无线通信手段。

建筑群子系统的最大特点是室外环境恶劣，距离大，施工量大。因此，要特别加强防护，同时传输介质一般采用光缆和大对数电缆。

外线接入建筑物一定要接入独立的配线架，并且固定好，对于铜缆要进行电气保护，以保护接入设备不受过流过压的损坏；对于光缆不必进行电气保护。

建筑群间线缆与室内线缆的差别只是在外层保护上，以适应户外使用，在技术指标上没有差别。

1．布线方法

(1) 架空布线法：由电线竿支撑的电缆于建筑物之间悬空。电缆可采用自支撑电缆，也可把户外电缆缚在钢丝绳上。采用这种布线要服从电信电缆架空敷设的有关规定。

(2) 巷道布线法：利用建筑物的地下巷道来敷设电缆，不但造价低，而且可利用原有的安全设施。为防止热气或热水泄露而损坏电缆，电缆的安装位置应与热水管保持足够的距离。另外，电缆还应安置在巷道内尽可能高的地方，以免被水淹没而损坏。常见于城市内利用电力、电信和有线电视等其他管网布设光缆。

(3) 直埋布线法：除了穿过基础墙的那部分电缆之外，电缆的其余部分都没有管道保护。基础墙的电缆孔应尽量往外延伸，达到没有人动土的地方，以免以后有人在墙边挖土时损坏电缆。直埋电缆通常应埋在距地面 60 cm 以下的地方，如果在同一土沟埋入了通信电缆和电力电缆，应设立明显的共用标志。

(4) 管道内布线法：由管道和入孔组成地下系统，用来对网络内的各个建筑物进行互连，由于管道是由耐腐蚀材料做成的，对电缆提供了最好的机械保护，使电缆受损的维修停用的机会减少到最小程度。埋设的管道起码要低于地面 45 cm 或者应符合本地有关法规规定的深度。在电源入孔和通信入孔共用的情况下(入孔里有电力电缆)，通信电缆不要在入孔里进行端接。通信管道与电力管道必须至少要用 8 cm 的混凝土或 30 cm 的压实土层隔开。安装时至少应埋设一个备用管道并放一根拉线，供以后扩充使用。

2．建筑群电缆设计步骤

(1) 确定建筑群现场的特点，确定建筑物的电缆出入口/起止点；

(2) 确定电缆系统的一般参数，选择所需电缆的类别和规格；

(3) 了解沿途土壤类型，明显障碍物的位置和地下公用设施等，确定布线方案，是否需要相关审批；

(4) 确定主电缆路由和另选电缆路由，提供设计方案图；

(5) 确定每种选择方案的劳务成本，材料清单和成本，工期，选择最经济、最实用的设计方案；

(6) 留余一定的冗余链路。

6.9 测 试 与 验 收

综合布线的测试和验收是确保整个工程质量和投资回报的关键一步。它分为前期、中期和完工三个工作过程。

前期工作主要是了解施工现场和规划，确定 PDS 布线设计方案与可行性，提供周围环境的测试报告，提供信息点布置图、水平/垂直/建筑群管线图、配线间/设备间配置图、设备配置清单、施工计划、设计要求、测试标准和工程人员网络等文档。

中期工作就是监理过程，确保施工按设计规范和进度完成。通过抽查和测试保证工程的每个阶段都是合格的，提供抽样测试报告，同时根据实际情况，协调设计方案的局部调整。其实有些测试不能等完工了再测试，那样返工量太大。

完工工作是最后的竣工验收，依据设计要求逐项验证，以证明工程合格并可投入运行。

工程的测试验收可以由甲方或甲方委托第三方实施，也可委托政府技术监督部门认证。对于小工程可以合并后两项。对于大工程，引入第三方监理很有必要，这样可以确保整个工程尤其是隐蔽工程的质量，同时对具体工程量也会有比较明确的统计数字。

下面主要对完工后的测试验收作详细描述。

6.9.1　测试准备

(1) 由施工方和监理方提供竣工技术资料：

● 原设计文档、设计要求、设计图纸、设备和器材清单。

● 竣工图纸、文档和设备清单。

● 安装技术记录，包括施工进程验收记录和隐蔽工厂签证，封样材料及验讫证明。

● 施工变更记录，包括变更联系单、变更图纸、变更设备清单，这些变更需业主、设计、施工、监理各方共同认可。

● 测试报告：包括测试对象、时间、责任人等，测试内容，所采用的测试设备，测试的技术参数要求和结果，是完备测试还是抽样测试等。

● 申请验收说明。

(2) 确定测试依据和标准：国际、国内、行业或单位内部的标准。

(3) 验收计划：确定测试时间、测试人员、测试内容、测试方法和过程等。

(4) 验收设备：根据测试计划来准备，如 Fluke 双绞线测试仪，AT&T 的光损耗测试仪/光功率计等；可以现场测试和抽样实验室测试。

6.9.2　外观测试

(1) 水平/垂直/楼群布线整体美观度，线缆转弯合乎规范。

(2) 隐蔽工程抽检。

(3) 管道、线槽、吊钩整齐划一，分支转弯美观，规格、数量、类型标准；孔洞槽沟位置、数量、尺寸合乎要求、回填一致，防护标志明显牢靠。

(4) 配线间/设备间布置合理，电器接线盒标准，各种配线整齐美观有条理，标签齐全。

(5) 工作区内插座面板布局合理，固定牢靠，外观标签齐全。

(6) 各种屏蔽接地装置布局合理，安装可靠。

(7) 各类设备、材料、通道的安装工艺合乎规范。

6.9.3　设备验收

(1) 严格按照方案的设备清单和材料清单逐项验证，其规格、型号符合要求，能提供完全的质保证明材料(可以向生产厂商求证)。

(2) 对材料数量进行估算(可以利用监理的统计清单)，对封样测试其技术性能参数。

(3) 对设备进行模拟负载运行，测试其不同状况下的性能指标。

(4) 环境控制的效果测试。

6.9.4　链路验证测试

(1) 布线的各部分拓扑结构正确否。

(2) 逐点或随机测试每条链路的通断状况(包括反接、错对、串扰、短路、断路等)。若抽检，则比例大于 10%。绝对数量也不能太少。

(3) 对照竣工文档，检查配线的排列顺序和对应关系是否准确。

(4) 各类标记是否正确。

6.9.5　链路性能测试

链路性能测试主要检查链路的电气特性是否合乎设计规范。必须保证测试仪器、测试连线和测试接口适配器合乎标准。

特别说明：测试模型中，通道是端到端的链路整体性能，基本链路是 PDS 固定布线链路部分，所以通道=基本链路+两端跳线(或测试连接电缆)+端接插件。因此，双绞线通道的最大物理长度等于 100 m，而链路等于 94 m。我们的测试一般针对通道。常见的测试指标有以下 16 项。

(1) 接线图：如 8 芯线的端接是否正确。

(2) 长度：基于信号的传输延迟和线缆的额定传播速度(NVP)值来计算。双绞线小于100 m。

(3) 衰减(AT—Attenuation)：信号能量沿基本链路或通道损耗的量度。它与介质特性、传输频率、长度、温度等有关。如在 20℃ 温度 100 MHz 频率下的最大衰减为 20 dB。

(4) 近端串扰损耗(Near End CrossTalk，NEXT)：近端串扰是指在一条双绞线中，某侧的发送线对对同侧的其他线对通过电磁感应造成的信号耦合。NEXT 值是对这种耦合程度的度量，定义为导致串扰的发送信号功率与串扰之比。NEXT 越大，串扰越低，链路性能越好。

近端串扰是决定链路传输能力的主要指标，8 芯双绞线共 4 对，每两对间测试一次近端串扰，共需测试 6 次，每次测试从 1~100 MHz 频率范围内 NEXT 性能最差的实际值。如五类双绞线在 100 MHz 频率的最小值不能低于 27.1 dB。

端接处电缆包皮剥开过长，非扭绞长度过长，扭绞距离过长都会导致 NEXT 值变小，但近端串扰与长度无关。

(5) 直流环路电阻(Resistance)：一对双绞线电阻之和。一般常温下应小于 30 Ω，如 100 Ω UTP 的值不大于 19.2 Ω/100 m。

(6) 特性阻抗(Impedance)：是一个常数，是衡量线缆及相关接插件所组成的传输通道特性，我们所说的 100 Ω UTP 中 100 Ω 即该种双绞线的特性阻抗。

(7) 衰减与近端串扰比(ACR)：表示信号强度与串扰产生的噪声强度的相对大小，ACR=NEXT−Attenuation。其值越大越好，注意它们必须在同一频率下的测试值。

(8) 综合近端串扰(PSNT—Power Sum NEXT)：其他多对双绞线同时发送信号时，对某对线的近端串扰，如 4 对双绞线的 3 对线对另一对，25 对电缆中的 24 对线对另一对。

(9) 等效远端串扰(ELFEXT—Equal Level FEXT)：一线对从近端发送信号，其他线对在远端测量到衰减了的串扰信号称远端串扰(FEXT)。FEXT 减去线路衰减值得到 ELFEXT。

(10) 传输延迟(Propagation Delay)：信号从起点传递到终点的延迟时间，严格定义为一个 10 MHz 的正弦波的相位漂移。如双绞线的传输延迟为 4.56 ns/m。

(11) 回波损耗(RL—Return Loss)：表征 100 Ω 双绞电缆终接 100 Ω 阻抗时，输入阻抗的波动。用以衡量特性阻抗的一致性。线缆与接插件的特性阻抗一致性越好，则 RL 越小，信号失真也越少。

(12) 光的连续性：根据光纤波长要求通过发光二极管(硅发光波长在 400～1000 nm 波长，锗(Ge)和铟-砷化镓(In GaAs)发光波长在 800～1600 nm 波长)把光源注入光纤，在末端通过光功率计检查光纤的通断性和衰减。

(13) 光纤衰减：是由于光纤本身的固有吸收和散射引起的。如单模光纤 1310 nm 和 1500 nm 时是 0.5 dB/km；多模光纤 1300 nm 时是 1 dB/km；850 nm 时是 3 dB/km。

(14) 光纤带宽：即光纤的频率特性，带宽越宽，传输速率越高。

(15) 回波损耗：最小光回波损耗限值，多模是 20 dB，单模是 26 dB。

(16) 光纤损耗：是光纤本身衰减，光纤熔接损耗、光接插件损耗、布线损耗之和。

6.9.6　测试报告

(1) 提供完整的测试结果报告。

(2) 提供验收合格证明，若验收不合格，提出改进意见以作下次验收依据。

(3) 归档所有原始文档和封样材料。

(4) 提供最终的竣工技术资料以供日常管理维护依据：

● 竣工图与文档。

● 设备清单、配置说明及使用说明。

● 信息点配置图，配线对应表。

● 日常维护日志和更改记录表。

● 工程和设备保修资料：包括保修证明材料，厂商维修热线与通信方式；施工方的联系方式等。

(5) 移交所有设备和钥匙等，撤出各类施工设施。

(6) 对甲方提供各种等级的技术培训。

第 7 章　典 型 案 例

7.1　宁波开发区行政中心智能化系统方案

7.1.1　项目概述

宁波经济技术开发区行政中心由行政中心和阳光大厦组成，通过四层平台连成一个整体，外观空透、美观，与市民广场融为一体，形成开发区标志性的建筑。宁波经济开发区行政中心总建筑面积 75 054 m^2，其中地下室 8530 m^2，总投资约为 4 亿元。行政中心主要供管委会办公使用，履行政府办公的职能。阳光大厦总建筑面积 43 148 m^2，其中地下室 9619 m^2，主要供事业单位办公使用，一层为办证事务中心，总投资约为 2 亿万元。

7.1.2　设计原则

1.　完整性

本大厦设计了 14 个智能化子系统。从整体功能出发，既要考虑每一部分功能满足要求，又要充分考虑到各子系统间的有机连接。

2.　先进性

现代化办公大厦中的智能化系统工程几乎涵盖了当今最先进的计算机控制技术，网络技术、多媒体综合应用技术，同时还具有政府办公业务本身的许多专业特点。系统建成后，整体技术性能既要达到《智能化建筑设计标准》中的相关要求，又要满足业主政府职能办公业务流程的要求，同时物业管理还需符合大厦实际的管理模式。

3.　可靠性

在设计各子系统时，既要考虑系统和产品的先进性，更要考虑系统和产品的成熟性。集成系统在各子系统工作正常的前提下，要确保整体的协调一致性，即使某一子系统出现临时性故障，集成系统也可以将该系统隔离开来。有故障的子系统利用自己的控制主机和图形控制工作站进行调试和排除故障，不能影响整体系统的功能。系统故障一旦排除后，可以申请重新加入到集成系统中来。这种"可分可集"的运行机制可以充分地保证集成系统的可靠性。

4.　实用性

智能化系统必须采用"以人为本"的设计。在考虑系统的设计方案时，应选择在同类政府职能部门大厦中应用过的集成管理和物业管理软件，充分考虑政府职能部门现代化办公和电子政务的需要以及物业管理的模式，使智能化系统服务于现代化办公和管理的需要。

5．开放性

为了保证智能化系统的完整性，实现信息的集中管理和信息共享。由于建造的子系统较多，设备类型也繁多，所应用的设备和产品各不相同，制造厂商不同，各子系统的接口类型也各不相同，因此，要求弱电系统中的各子系统必须具有良好的开放性，符合业界相应的关于互连方面的国际标准和协议。

6．可维护性和可扩展性

智能化系统中各子系统全部按照模块化结构设计，采用了控制主机+计算机辅助管理的模式，以满足今后系统的扩展、升级要求。系统本身还配套提供有设备工作状态监控、测试、自诊断、故障告警和故障提示等维修维护软件工具包，极大地方便了维修和维护工作。

7．安全性

智能化系统的设计方案具有高度的安全性和保密性，通过对系统分级保护、数据存储权限的控制等手段，以及具有病毒探测、薄弱环节分析和密码管理等功能，可以有效地防止各种形式的对系统的非法侵入和攻击。系统将根据注册所得的用户标识和密码来控制访问权限，以防止非法操作。

8．可操作性

系统设计应具有良好的、基于 Windows GUI 的中文操作界面，下拉式菜单结构，提示性图框，并采用规范的行业用语。在计算机辅助管理机上配有模拟电子地图，可将本大楼内所有设备置于电子地图上，选用不同的颜色代表设备的不同工作状态，实现"即点即现"。操作界面友好、清晰、操作简单、方便且容错性强。

9．经济性

在智能系统设计过程中，既要充分考虑满足系统应用功能和性能的要求，确保系统运行的安全可靠，也要充分考虑到投资的经济性和性能价格比。因此，在系统和产品的选型上要努力做到技术先进、功能齐全、性能优良和价格合理。

7.1.3 方案技术说明

从整体功能上来讲，行政中心智能化系统的目的是为在大厦中的公务人员、管理人员、外来办事人员创造一种温馨、舒适、安全放心的办公环境。对于政府职能部门的大厦来讲，办公的人员相对固定，其需求的功能比较明确。因此，智能化系统中大部分功能可以一次性确定，在统一策划、统筹安排的前提下可以一次完成。

按照设计要求，行政中心的智能化系统要达到《智能建筑设计标准》甲级标准的要求，共设计了楼宇自动化系统，安全防范系统，消防报警系统，综合布线系统，计算机网络系统，公共广播系统，有线电视系统，电子公告牌和触摸屏查询系统，多功能会议系统，无线对讲系统，IBMS 集成系统，物业管理系统，机房、电源和接地系统，弱电综合管路系统等 14 个子系统。

现就各子系统的主要技术状况介绍如下。

1．楼宇自动化系统

楼宇自动化系统的主要目的是为了实现和完成大厦内所有机电设备的集中管理。为大厦中的工作人员创造一个安全、舒适、温馨的办公环境。设备实现集中管理后，可以完成两个目标：一是通过对大厦内所有机电设备的有效管理和控制，可使这些设备均工作在最佳工作状态；二是通过对大厦内所有设备运行状态的实时监控及对设备档案的有效管理，可以使操作者和维修人员对各种设备的运行状况了如指掌。

1) 系统采用集散式控制方式

集散式控制方式是由现场数字控制器(DDC)负责采集现场设备的运行参数，并通过总线完成与控制工作站间的通信，将现场设备的各类参数上传，将控制工作站的控制指令下传，从而使设备工作在最佳状态。

在进行"楼宇自动化系统"设计时，着重注意下列几个问题：

(1) 控制的规模与容量，据统计约 1100 点左右；控制的实时性，控制工作站与 DDC 间采用现场总线制通信，通信速率为 76.8 kb/s；

(2) 控制的精度指标，选用 10 位转换精度的 A/D、D/A 转换模块，保证参数的采样精度；

(3) 网络控制器接口的多样性，所选产品具有多种接口型式，有以太网接口、BACnet 接口、LonWork 接口、并具有 RS－232 接口、连接维修终端的接口等，以满足集成或维修维护的需要；

(4) 受控设备一机配置一台 DDC 控制器，方便设备的调试和维修，同时控制点具有一定的冗余度，以适应未来扩展的需要；

(5) 设置安全措施，对所有的受控设备及照明回路的电控箱设计有手/自动切换开关和紧急停时开关；只有在确认自动状态下才能远程启/停；

(6) 系统采用模块化设计，便于组态，现场 DDC 控制点的模拟/数字或输入/输出功能可由软件设置或自定义；

(7) 产品的同一性，系统中所采用的系列产品，如网络控制器、应用控制器、DDC 控制器、传感器、控制器、阀门和执行机构等，全部采用同一品牌产品，以保证便于组态，便于维护，降低维护成本；

(8) 图形显示完全支持 B/S 结构，采用控制软件支持的 OPCSS 技术。

2) 空调水系统

空调水系统划分了一个小系统和一个大系统。其中大系统采用两用一备的制冷方式。小系统采用一用一备的制冷方式，其中的备用机组为两个系统共用。监控设备有冷水机组 4 台、冷却水泵 4 台、冷冻水泵 4 台、冷却塔 3 台、二次变频泵 4 台、膨胀水箱 1 个、补水箱 1 个、补水泵 2 台以及软水处理装置一套，由 ORCA 系统按每天预先编排的时间假日程序来控制冷冻机组的启/停和监视各设备的工作状态。热交换站系统监控具有二次水温度自动调节和参数检测及设备监控功能，如图 7.1 和图 7.2 所示。

3) 风系统

风系统共配置了新风机组 25 台，空调机组 9 台，送排风机组 7 台(卫生间除外)，地下室设有一氧化碳检控设备，当一氧化碳浓度达到 100 ppm 时，联锁启动排风机，在低速运行的同时，送风机开始运行。大厅、会议室及活动室等区域的空气调节还具有加湿功能。4～15 层新风机组分布在各层机房内，不带加湿功能。8～12 层南侧主要为领导用房，采用双套空调控制方案，一套为普通的新风+风机盘管的方式，另一套采用 VRV 可变冷媒系统+HRV 系统。风机盘管可由房间温控器做现场温度调节控制。而 VRV 系统的室内机可由遥控器单独控制，如图 7.3 所示。

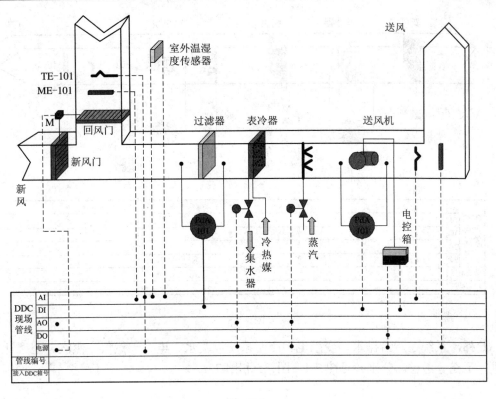

图　7.1

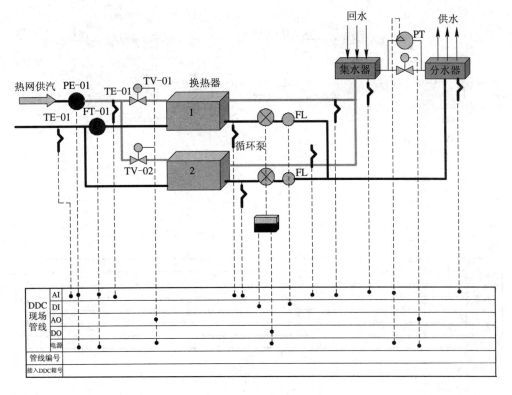

图　7.2

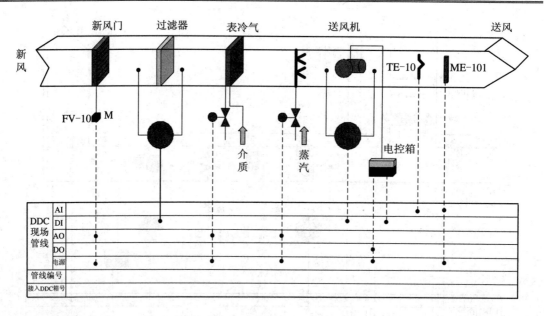

图　7.3

此外，系统还对给排水、变配电、照明系统以及水、电、天然气、蒸汽、空调计量系统进行了充分考虑。分别参见图 7.4、图 7.5 和图 7.6。

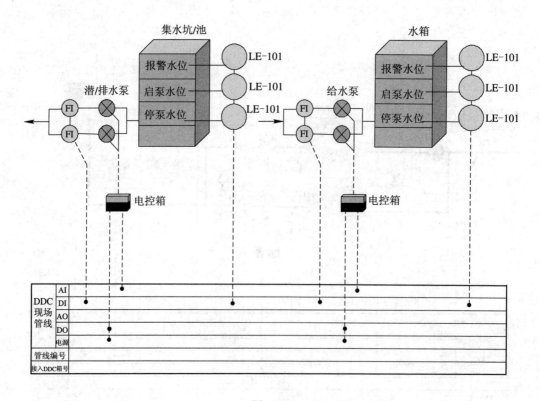

图　7.4

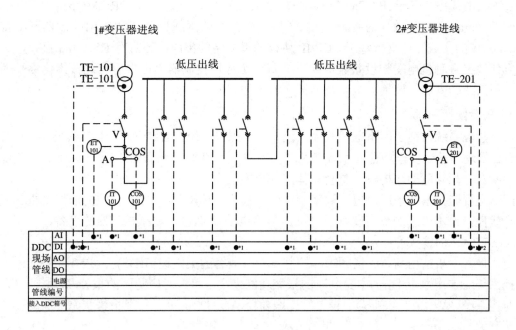

图　　7.5

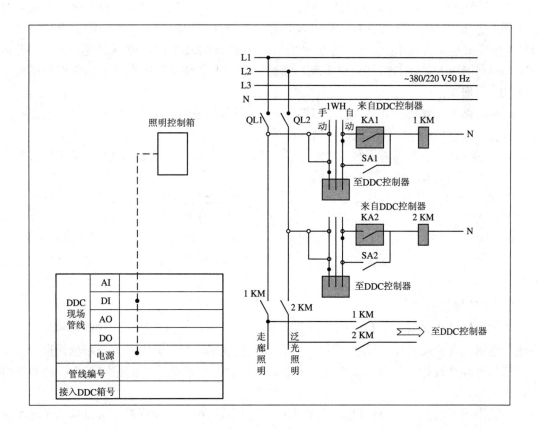

图　　7.6

系统选用了完全基于 BACnet 协议的加拿大 DELTA 控制公司 ORCA(Open Realtime Control Architecture 开放实时控制结构)产品。该公司的网络控制器和应用控制器既支持 BACnet 协议的集成,更支持基于 TCP/IP 协议的以太网的集成,还具有 RS - 485 接口,可以很方便地把各种机电受控设备集成起来。每一个应用控制器上还带有可连接维修终端的接口,使系统的安装、调试、维修及维护变得更加方便。

2.安全防范系统

安全防范系统包括了闭路电视监控系统、防盗报警系统、通道管理(门禁)系统、考勤管理、巡更管理系统、停车场管理系统以及"一卡通"管理(包括消费管理)系统几部分。几部分互相配合、相互联动,构成一整套立体式的全方位安全防范系统。

闭路电视监控系统采用模拟和数字相结合的模式。选用美国 AD 公司的监控主机和视频管理软件,日本松下的数字硬盘录像机、彩色/黑白摄像机、视频显示器等设备,以及日本 COMPUTAR 的镜头产品。

防盗报警主机选用与 AD 视频矩阵控制器相互兼容的美国迪信(DS)公司的产品,通过电视监控系统(视频矩阵控制器)本身具有的报警功能来实现每一对应防区的报警联动。通过在电视监控系统(视频矩阵控制器)中设置辅助跟随器 AD2423,可以实现报警状态下联动相应的照明开关。

通道管理(门禁)系统采用了联网型门禁系统,在所有通道、出入口及重要房间设置门禁点,由门禁管理中心对出入情况、报警情况进行全面统一的监控。门禁系统选用美国 HIRSCH 的产品,门禁管理软件同时具有巡更管理功能,在楼内利用门禁点实现在线巡更,在楼外则采用无线式巡更管理系统,无线巡更采用加拿大 SliverGuard(银巡棒)无线巡更系统。考勤功能同样利用出入口处的门禁点来实现。通过门禁管理系统软件中设定不同级别的授权,实现 VIP 管理功能。

停车场管理系统采用 WPS 荷兰环球停车系统有限公司的产品,采用与门禁系统相同的读卡技术,可以实现与门禁系统、消费系统的一卡通。

消费系统是在消费场所设置消费机,采用与门禁系统相同的读卡设备,实现与门禁系统的一卡通,选用 REFORMER 公司的产品。

DS 的报警管理软件和 HIRSCH 门禁管理软件都具有与 CCTV 联网的功能,门禁管理主机与 CCTV 管理中心(通过集成控制系统)互联后,即可实现在门禁管理界面上显示和控制 CCTV 系统的摄像机,当门禁系统发生非法闯入时,可以联动控制 CCTV 系统进行摄录像,为犯罪提供有力的证据。如需要时,在报警时联动相应照明开关,通过程序可以设定为报警时触发。

3.消防报警系统

消防报警系统选用英国 MK 公司的精灵 8000 系列产品。该产品采用智能型感烟、感温探测传感器,内置 CPU,带软件编址,可自行分析数据,判断火警,有效减少误报率。系统采用闭形环路连接,任意一个探测器发生故障时,不会影响系统的正常工作,使系统可靠性大大提高。

系统采用联动型主机+计算机辅助管理的主控模式。在管理计算机上可以以电子地图的形式显示大厦各区域的报警模拟图。当报警故障发生时,无论系统当前处于何种状况,都会在计算机屏幕上自动弹出报警区域的电子地图(报警点的平面布局图),报警点会改变颜色并闪烁,以提示操作人员及时处理。

消防报警系统除控制主机选用联动型报警控制主机外,另外,配置非标准联动控制台与消防报警和自动灭火系统相关的联动设备,位于一层的消防报警控制中心还安装有完备的各种现代化的通信手段,如消防电话、调度电话(物管中心内)、与当地消防部门直接联系的 119 电话、与大厦内主管领导或紧急处置中心联系的直拨电话等;同时在消防中心内还安装有用于消防紧急广播的广播系统(与背景音乐合用一套扬声器系统),用于火灾等紧急情况下完成紧急广播和引导火灾区人员疏散功能。从而形成了一整套功能完备的消防预警和处置系统。

消防报警系统与楼宇自动化系统、安全防范系统通过集成平台和集成控制软件构成了大厦中控制网的集中控制,即"一体化系统集成"。

4．综合布线系统

综合布线系统为大厦内的传输网(包括话音、数据、图像、多媒体信息等)提供统一的传输介质和链接场,同时也使大厦局域网与外部通信数据网络相连接,是大厦局域网建设中的基础设施。

局域网的基本结构为千兆到楼层、百兆到桌面。综合布线的基本原则是光纤到楼层、六类 UTP 铜缆(双绞线)到桌面。数据和语音总配线架均安装于三层计算机机房内。共计使用 32 个楼层配线间。

从计算机中心至 32 个配线间,数据主干采用 6 芯多模光纤,内网、外网、专网各铺设 1 根 6 芯光纤,再铺设 1 根备份光纤作为 3 网的备份光纤。这样使数据主干做到了"既有芯数的备份,也有根数的备份",可极大地提高链路的可靠程度。语音主干采用三类大对数铜缆,铜缆的对数按区域语音点的 1.5:1 配置,以适应将来可能的更新设备或数字电话、传真机的使用。

从各楼层配线间到终端点,无论是数据点还是语音点的水平线缆均采用六类 UTP 双绞线铺设,并配以六类信息模块。使水平带宽达到 250 M,也有利于将来可能的数据点和语音点的互换使用。

根据本大厦的使用性质和使用特点,将局域网划分成内网、外网、专网、备份网和语音点等几个不同的网域。四层以上的办公区和办证中心内每一个工位安排布置了 5 个信息点,即:数据点 4 个(内网、外网、专网、备份网)、语音点 1 个;在 8～12 层领导房间内,每个办公室设置 2～3 个语音点,以满足内线、外线、专线电话的不同需要。在"行政中心"地下 1～3 层区域,大部分为公共设施用房,除会议厅、接待厅和紧急处置中心等位置做特殊处理外,只设内网、外网及语音点。信息点合计 8140 个(不包括三层计算机中心内部的从核心交换机到应用服务器的数据点,这部分约为 300～400 个数据点左右)。

结构化布线产品全线采用美国 AVAYA 的布线产品。全线采用的含义是:整个系统从传输介质(多模光纤、六类双绞线)、配线架(光纤、数据、语音)、连接件(跳线、RJ45/RJ11 接头)到附件(理线器、标签、工具等)全部采用 AVAYA 的产品,并由 AVAYA 出具 20 年的系统质保证明。

5. 计算机网络系统

宁波经济开发区外网采用千兆以太网技术，星型网络结构。整个行政中心根据大楼整体结构分为南、北两部分，主机房设在北侧的三层，各楼层将根据信息点与实际距离在南、北各层设置有配线间。

按网络应用不同可分为外网、内网、专网与备份网四个完全物理隔离的网络，其中外网是宁波经济开发区向外界提供公众服务、宣传形象和获取信息的重要窗口；内网是宁波经济开发区与下属区县单位的办公自动化、日常工作的申报、各类政务信息的网上传递以及从外网采集的信息数据的处理等；专网是宁波经济开发区向上级部门如宁波市委、市政府的审批项目的信息申报和审批的网上传递等；备份网作为三个业务网络的备份系统，在任意正在运行的网络平台故障时，立即切换到备份网，保证各业务系统的正常运行。在办证大厅、会议厅及会客厅等较大面积的公共区域还设计了无线局域网络系统。

计算机网络(包括语音部分)采用二级星型拓扑结构。即从主配线架至楼层配线架为第一级星型结构(以光纤为传输介质、传输千兆带宽)，从楼层配线架到桌面信息点为第二级星型结构(以六类 UTP 双绞线为传输介质、传输 250 M 带宽)。在计算机中心机房设置核心交换机，在各楼层配线间设置工作组交换机。

外网采用一台 Cisco Catalyst 4507R，内部配置冗余电源模块、冗余引擎等，以提高外网应用的可靠性。访问层采用 Cisco Catalyst 2950 交换机。接入路由器将采用 Cisco Application Service Router 3745。如图 7.7 所示。

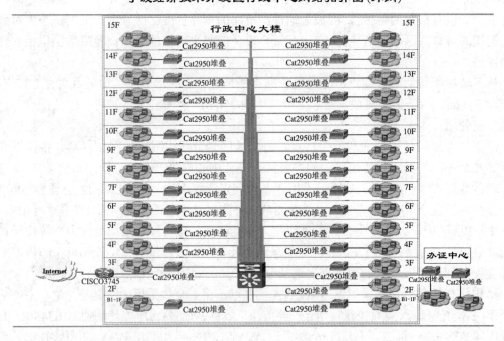

图　7.7

内网核心交换机采用两台 Cisco Catalyst 6509，双机热备，以提高内网应用的可靠性。访问层采用 Cisco Catalyst 2950 交换机。如图 7.8 所示。

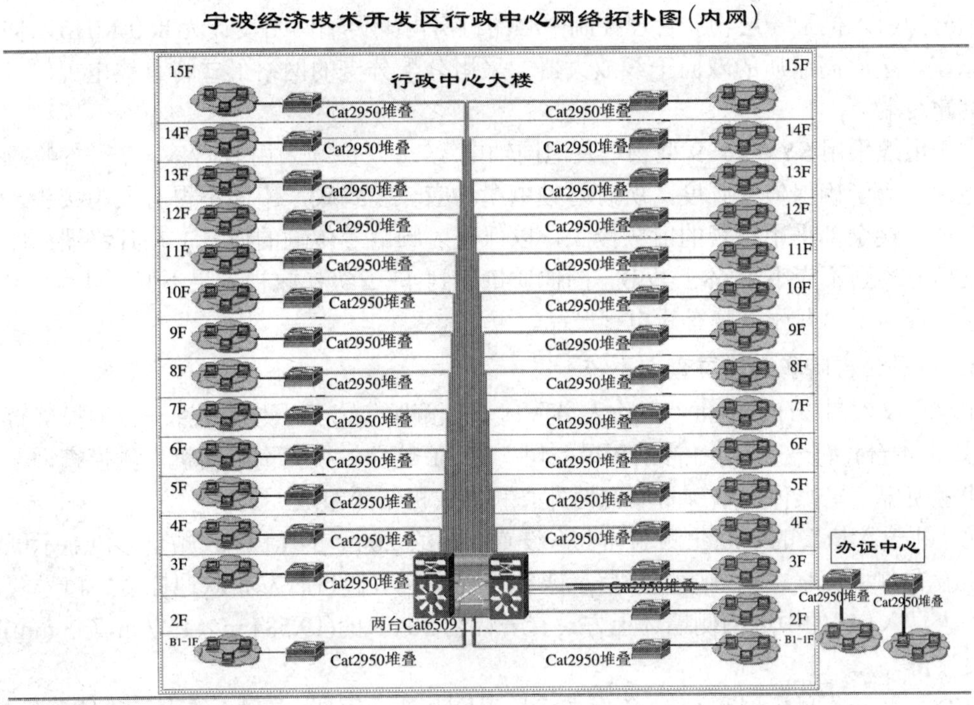

图　7.8

依据 IEEE 802.11b 标准，采用直序扩频技术提供最大 11 Mb/s 的数据传输速率的无线局域网。在每一覆盖区域拟采用多基站(2～3 个 AP)解决方案。接入无线接入点(AP)的客户，均要通过神波无线网络管理器(ETAC－1620)的认证。神波无线网络管理器支持灵活的用户身份管理、认证方式，包括本地认证、集中式 Radius 认证等，支持加密传输在 Web 登陆页面输入的用户名和密码，防止用户名和密码被窃取盗用，与任何接入此无线网络的其他客户终端保持隔离状态，确保使用者的个人数据安全。

无线网络采用朗讯公司的 AP 机(节点机)。

6. 公共广播系统

在"行政中心"内设置一套综合性的广播系统，该系统主要提供各类语音服务或播放背景音乐(地下 1～3 层)，同时为消防紧急广播使用。

广播系统的设备置于一层物业管理控制中心机房内。消防紧急广播和基本广播(背景音乐播放)共用一套功率放大系统和扬声器系统。消防紧急广播比其他广播更具有优先权，当紧急情况发生时，相应区域的正常广播将被中断，取而代之的是来自消防中心的消防广播和安全疏散引导广播。

为了保障整套广播系统工作的高可靠性，系统配备了自动倒备功能，在每一台功率放大器上均装有故障检测模块。当检测系统发现某一功率放大器有故障时，能自动切换到备用功率放大器。这就使得输出设备具有很高的利用率和灵活性，又能保证整个系统工作的可靠性和连续性。

公共广播系统选用了荷兰飞利浦(Philips)的产品。

7．有线电视系统

信号源引入位于一层物业管理控制中心的机房内。传输网络设计为 860 MHz 双向邻频传输系统。选用高品质的双向干线放大器，采用分配分支的网络形式将有线电视信号引至各个客户终端。

主干电缆采用 SYWV–9 型物理发泡同轴电缆，分户电缆采用 SYWV–75–5 物理发泡同轴电缆；为了确保信号强度，所有射频电缆均应一缆到底，中间不得有人为接头。电缆与设备的连接全部采用正规的射频接头，以保证射频信号传输的质量，在各终端插座上检测，其信号场强不应小于 68±4 dB。图像质量达到 4～5 级，收视效果不低于 4 级。

系统选用了"九州"牌有线电视产品。

8．电子公告牌和触摸屏查询系统

在"礼仪入口"(南侧)和"工作人员入口"(北侧)的左右两侧各设置一台触摸屏查询计算机(共计 4 台)，全部选用"首钢环星公司"的 21 英寸触摸查询一体机。触摸查询一体机主要由触摸屏、多媒体电脑、防爆钢性外壳和立式机箱等组成。

在"礼仪入口"的中庭北侧墙体上方设置一幅约 20 m^2 的 LED 表贴全彩色显示屏，可以用来发布各种文字、动画、视频信息或领导视察、节假日时发布欢迎标语、口号等。在"工作人员入口"的中庭南侧墙体上方设置一幅约 30 m^2 的(19.584 m×1.47 m，∅5 mm)LED 条形文字屏。

LED 表贴全彩显示屏和 LED 条形文字显示屏全部采用"北京利亚德电子科技有限公司"的产品。

9．多功能会议系统

在"行政中心"内设有两个较大型的会议室和若干小型会议室。二层东侧有一个 180 人的多功能会议厅，三层的相同位置有一个 120 人的多功能会议厅，用于举办各种会议，如会议开幕式、学术报告、学术交流和新闻发布等活动。

在两个多功能厅设置会议控制系统、会议扩音系统、同声传译系统和会议室的集中控制系统(包括灯光)，并配以可与计算机、投影仪、视频播放系统等连接的大屏幕投影电视墙等，以完成良好的会议服务功能。同时，还可以完成对会议的监视、记录及会议视频同步转播等功能。

在两个多功能厅设置大屏幕显示系统。根据其平面布局结构，在两个主席台两侧各设一台 50 英寸的等离子屏。显示设备上留有与计算机网络、视频和电视节目的接口，可以很方便地播放各种信息。

另外，在 180 人多功能厅设置 4 通道同声传译系统，配置 1 个主席机、20 个代表机和 160 人列席代表的无线接收耳机。

会议系统选择了荷兰飞利浦(Philips)的大型会议控制系统(包括红外式 4 通道同声传译系统)，中央控制系统选用美国快思聪(CRESTRON)公司的无线控制系统产品，大屏幕显示系统选用先锋公司(Pioneer)的 50 英寸超亮度 XGA 专业级等离子显示器，视频会议系统选用的是美国 Polycom 公司的产品。

10．无线对讲系统

在建立了局域网络和有线电话的基础上，大楼内仍需要一套无线对讲系统。其目的主要是为了方便建筑物内流动工作人员之间或流动工作人员与控制中心的通信联络，实际上起着"内部调度电话"的作用。

系统由多用户控制单元(eMSU)、基站控制器(eRPC)、微蜂窝基站(RP)、手持式手提机和网络维护系统(OAM)组成。多用户控制单元(eMSU)、基站控制器(eRPC)和网络维护系统(OAM)安装在首层中心控制室(物业管理中心)内，微蜂窝基站(RP)分布于建筑物的适当位置。根据设计，地下一层至三层，每层布置 4 个基站；四层以上每层布置 2 个基站，共计需要 40 个基站，可以覆盖整幢大厦，实现内部基本无死点的通信。另外配置 100 部带耳机的手机供工作人员使用。

该无线对讲系统可以实现以下功能：

(1) 控制中心与任一手机持有者通话，并可实现群呼、组呼；

(2) 手机持有者二者之间通话，可以实现内部短号码呼叫，提高通话效率；

(3) 内部手机持有者配置耳机或耳麦，避免普通对讲机所具有的公开呼叫或应答的缺点；

(4) 可以实现内部手机位置定位功能，即控制中心通过网络可以识别内部手机持有者的当前位置，有利于处理突发事件；

(5) 大厦内部手机持有者可以通过内部交换机与外部的"小灵通"手机通话；

(6) 外部的"小灵通"手机进入大厦后，通过在本大厦注册后(一机两号)通过内部网络可以实现互相通话(免收市话费)。

11．IBMS 集成系统

智能化系统集成是将智能大厦中不同的设备、不同的子系统以及不同的功能需求利用计算机和综合布线系统，集成到一个相互关联的、统一协调的系统中，以实现相互间信息、资源和任务的监控和共享。

智能化系统集成主要应达到两个目的：一是信息资源的共享；二是设备的的集中化管理。而设备的集中化管理主要应达到以下三点：

(1) 加强对大楼内各类设备的监管，包括各类环境设备、供电设备、消防设备和安防设备等，使各类设备都能根据大厦的实际情况而工作在最佳状态，既节约能源、降低运行成本，又为大楼创造了适宜、舒适的工作环境，并有利于延长设备的使用寿命。

(2) 集中监管设备，使值班人员随时掌握设备的运行情况，了解设备的运行状态、累计运行时间、维修周期及备品备件的更换情况等，减少对设备的常规巡视，节约人力资源和维修人员的劳动强度。

(3) 协调大厦内分属不同子系统的设备联动工作，以完成某些特定的功能。大厦内有相当一部分功能的实现是必须由几个系统、多种不同设备的共同协作才能完成的。如消防报警与监控摄像机的联动、安全防范报警与监控摄像机的联动、消防报警与楼控的联动以及安全防范与楼控系统的联动等。

为了满足未来物业管理者的管理需求，将大厦"控制域"中的相关系统，即楼宇自控系统、消防报警和联动系统、安防系统的信息资源通过综合集成技术进行统一的采集、监视、管理和共享，实现执行控制和管理的自动化，为大厦内各级管理者提供数据、资料及决策依据，以实现建筑物的高功能、高效率和高回报率。

该系统采用了二级集成的机构,它包括两个层面的集成:中央的集成和各子系统的分别集成。中央集成是以提高效率为目标的上层集成,各子系统集成是以功能实现为目标的基础集成。这种结构既可确保各子系统安全独立的工作,又可确保集成系统安全可靠的工作。

子系统的集成对于建筑智能化系统的成败更为重要。目前建筑智能化系统开通率不高的原因并不是缺少中央集成,而是在于没有抓好子系统的基础集成。

本集成系统应具有如下特点:

(1) 集成系统可集可拆。整个集成系统的可靠工作必须依赖于每一个子系统本身可靠的工作方能实现。一旦某一系统发生故障,能通过接口软件及时从集成系统中分离出去,以免造成故障的连锁广播。

(2) 每个子系统能单独地进行系统调试。集成系统的最后联调是一项十分细致和复杂的工作。在每一个子系统单独调试完成并能独立运行的基础上再进行联调。同时也方便今后的维修维护。

(3) 有统一的控制界面,在有网络的任一信息点上,通过授权和密码都可以登录集成系统的控制界面,用户可实现查看、浏览和修改等功能。

(4) 系统采用 B/S 整体结构(严格来讲应该是 B/S 架构加部分 C/S 结构)。

控制域中的三个控制网分别采用"控制工作站+控制主机"的控制形式。每一部分均能保证独立的安装、调试、检修。各控制工作站通过以太网口(RJ - 45)接入大厦局域网中,通过系统集成软件(包括接口软件)和 OPC 技术,将运行于各不同的应用软件、不同协议的系统集成在一个操作平台上(内嵌 Web 服务器),并建立统一的数据库。在大厦局域网的范围内,只要在有终端计算机的地方,根据不同的授权操作级别,用户都可以利用浏览器查看各子系统的实时工作状况,查看历史记录或调整系统参数等。如图 7.9 所示。

系统选用了西安协同数码有限公司的"建筑自动化管理系统(Synchro BMS)"产品。

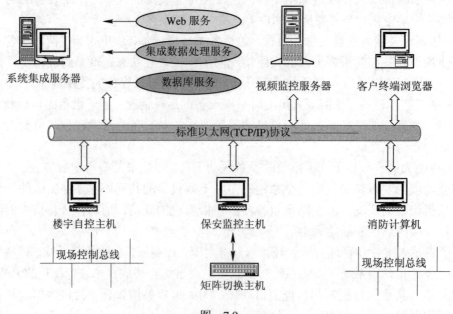

图　7.9

12. 物业管理系统

智能化的建筑必须进行智能化的管理，建设智能化系统工程必须要为"管理者"提供有效的管理工具和管理手段。

根据行政中心的具体情况，该系统选用了"西安协同数码有限公司"的"物业管理软件(Synchro FMS)"。该软件系统是针对物业管理过程中的空间管理、客户管理、收费管理、维修管理、设备管理、物料管理、能耗管理、行政人事、保安消防、环境管理的数据录入、处理、管理、查询、分析、统计以及大厦各智能化系统的数据采集与集成管理等许多方面而设计的，具有结构清晰、功能全面、界面精美、操作简单和易学易用等特点。系统性能稳定可靠，能显著提高物业管理效率，降低经营成本。

13. 机房、电源和接地系统

在宁波经济技术开发区行政中心一层和三层建有两个机房。

一层为物业管理机房，使用面积约 250 m^2。其中消防、安防、楼控、无线对讲、广播、有线电视、系统集成、物业管理等控制工作站均安装于此机房内，是一个用于主要完成物业管理功能的综合型机房。

三层为计算机网络中心机房，使用面积约 500 m^2。其中电信局的模块局、大厦局域网的布线机柜、网络设备、各种应用服务器均安装于此机房内。它是行政中心的核心机房，数据的汇总、交换、处理及记录等在此完成。

机房建设工程是一个整体工程，它包含了土建装修、配电工程、空调工程、消防工程和弱电工程五部分。虽然每部分都可独立的工作，完成其特定的功能，但有些功能必须依赖于这几部分的有机配合才能实现。设计者应站在统一的高度来统筹策划、整体设计才能体现出机房整体的功能。如图 7.10 所示。

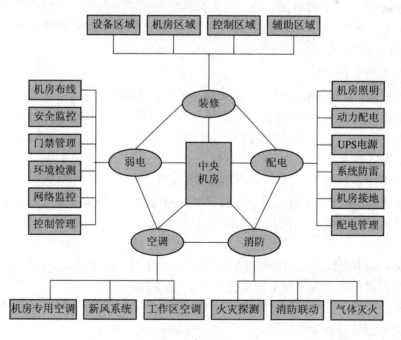

图 7.10

平面设计打破了传统的方方正正条块分割的布局，采用一些圆弧、曲面等对工作区进行划分，根据工作性质的需要划分为主机房区、模块局区、操作区、缓冲区、办公区以及设备区(消防钢瓶间和 UPS 电源间)和维护备件区等。其中主机房区、模块局区、操作区为重点区域，其余的为一般区域。

装修装饰采用铝合金微孔板吊顶、国外著名品牌耐磨抗静电地板。墙面和柱面采用防尘面漆(或采用铝塑板饰面)。机房区不同工作区域采用 10 mm 以上的防火玻璃隔断，不锈钢支架，采用不锈钢包封的防火门，双层玻璃的铝塑窗户，并加装电动窗帘。

根据机房标准要求的照度进行机房内照明设计实施，并采用防眩晕灯具。

机房(包括楼层配线间)设备中有源的网络设备、服务器、存储设备以及一层控制中心中各弱电子系统的图文工作站等，均采用 UPS 电源供电，以确保整个智能化系统可靠地工作。UPS 电源采用 2+1 冗余设计，后备电池组的后备时间按 1 小时设计。另外在机房内还设计有 UPS 电源的插座和市电电源插座，以满足临时设备或检修设备时使用。整个配电系统中三相电源采用三相五线制，单相电源采用单相三线制。

为了满足机房内恒温恒湿和净化的要求，设计采用进口著名品牌的机房专用空调。

整幢大厦采用联合接地系统，机房内采用"等电位"接地系统连接，以保证整体系统的安全可靠性。

整个机房区(包括一层控制机房和三层计算机机房)采用 FM－200 气体灭火系统，机房区内的辅助区域采用与大厦其他区域相同的自动水喷淋灭火系统。

由于承重的考虑，因此由土建配合对 UPS 配电间和电池间进行了局部加固处理。

机房内的智能化控制系统包括通道管理(门禁系统)、闭路电视监控系统、气体灭火探测报警系统，以及环境监测系统(包括机房专用空调、UPS 电源、配电机柜、温/湿度和漏水检测等)。其中通道管理、闭路电视监控、火灾探测报警等系统与整个大厦的系统选用相同品牌的产品，只是在机房内设置单独的分控器或分控装置。环境监测系统采用国内著名品牌且具有中文操作界面的产品。

14. 弱电综合管路系统

在智能化大厦中，如果说计算机信息处理中心是"大脑"的话，那么各种信号传输线路就应该是全身的"神经"，而各种桥架、线槽、分支管路则是"动脉"，它既为"神经"提供保护，又将"神经"铺设到大厦的四面八方、各个角落，使其成为一个有机的整体。

整个弱电系统的管路都是统筹策划、统一设计、统一施工和统一管理的。根据线缆使用性质的不同，采用了三组主干桥架，即综合布线线缆、信号与控制线缆(包括视频与有线电视线缆，用金属隔板隔离)和 UPS 供电线缆桥架。同时，主干桥架的中间还将采用同材料的金属隔板，以隔离相关线缆，如光纤、双绞线、大对数电缆；闭路电视监控的视频线和有线电视的信号线、控制线与信号线等。

弱电系统管路中在确保金属桥架和管路接地连续性的基础上，还能对其内的各类线缆起到辅助的屏蔽保护作用，使这些电缆免受外界信号的干扰。

考虑到南方无论是冬季还是夏季空气湿度均相对较大的特点，选用了由优质冷扎钢板折压而成的表面喷塑处理的金属桥架。

分支管路选用弱电系统专用的内外壁均镀锌处理的 KBG 型薄壁电线管。其优点是：内管壁比较光滑，对弱电电缆很少会产生划伤现象；其他的优点如连接容易、弯曲半径一致、接地连接方便等。

7.2 威海市"阳光花园"住宅小区智能化系统方案

7.2.1 工程概况

"阳光花园"住宅小区，依山傍水，环境优雅，地理位置优越，十分适宜居住。整个小区由 9 栋不同风格的建筑物构成(8 栋为住宅楼，1 栋为办公和会所楼)。总建筑面积约 4 万多平方米，为 320 户居民居住。投资方把本小区定位为威海市一流的智能化小区，一流的环境，一流的服务和一流的家居。

7.2.2 设计原则

住宅小区"智能化系统"主要分为三大部分，分别完成不同的功能：家居控制、公共环境和物业管理。

"阳光花园"住宅小区是行业职工自用型的住宅小区，除满足住户的居住、生活及休息外，还应增加在家办公、上网、交流、教育、娱乐、购物和医疗等社会性功能。根据业主的需求以及智能化小区市场的情况和经验，建设智能化小区的主要目的就是将小区内与人们生活中密切相关的部分进行智能化管理，为人们提供一种"自然、舒适、方便、安全"的居住环境，并充分体现了大居住环境下的人性化和智能化。

7.2.3 方案技术说明

本小区内设置六个智能化系统：家居智能控制系统(包括数据、电话、有线电视、紧急求救)、可视对讲+门禁系统(包括一卡通系统)、安全防范系统(包括公共安全监视、周界防范、保安巡更管理、停车场管理)、机电设备的集中管理、计算机网络和物业管理中心。

1. 家居智能控制系统

1) 家居智能控制系统

家居智能控制系统即"弱电控制箱"，它使家居内布线变得十分方便和简单。通过"家居智能控制器"可以把 1 个数据、电话和电视点扩展成 6 个(选用更高档次的可以分别扩展到 12 个点)。同时，它还具有防入侵报警(门磁、窗磁、红外/双鉴探测器)、紧急求助呼叫(紧急报警按钮)等功能(本小区不设煤气泄漏报警和三表远传功能)，可以连接 6 个以上的报警信息。

2) 布线系统(数据和语音)

小区的网络结构为数据主干光纤到楼栋(即每个单体建筑物)，水平超五类双绞线到住户，即 1000 M 到楼栋，10/100 M 自适应到住户。语音点的主干采用普通市话电缆，语音点水平采用普通双绞电话线，既方便使用又节约成本。

3) 有线电视系统

小区内采用 1000 MHz 的双向邻频传输系统，主干采用 SYWV‐75‐9 射频电缆，在每一幢建筑物单元门的弱电竖井中设置楼层放大器，采用分支分配器到各户，户内由"家居智能控制器"再进行扩展。并应保证终端电平在 68±4 dB，视频图像质量在 4 级以上。

2. 可视对讲+门禁系统(包括一卡通系统)

1) 系统概述

可视对讲系统主要用于访客的管理和确认。只有经过住户确认的访客才能获准进入住户家中，住户可以通过家居中的可视分机观察到访客的相貌，以决定是否让其进入。对于小区住户的安全来讲，入口处的保安管理、夜间的周界防范报警可以说是小区的第一道防线；可视对讲系统和安全门应该是第二道防线。

小区选用西班牙 FERMAX 品牌可视对讲产品。单元门采用具有电控门锁的安全门，电动门锁为"断电自动复位型"，即正常工作状态时，电控锁处于通电状态，开门时处于断电状态，以备紧急情况时，能自动切断非消防电源，安全门处于开启状态，有利于人员的及时疏散。

2) 系统基本配置和功能

系统在物业管理中心设置一台管理员机，在小区的主入口和次入口设置门口机，在每栋楼的单元入口处设置门口机(共 19 个单元)，在每一住户设置可视分机和开门按钮。置于物业管理中心的管理员机与中心的控制计算机联网，通过 FERMAX 提供的专业版物业管理软件(包括电子地图软件)，可以随时监察系统的运作情况。

当访客到达小区的主入口(或次入口)时，可以通过设于该处的门口机与住户(或系统管理员)直接通话，住户确认后，访客可获准进入小区。当访客到达住户的单元门时，可通过单元门的门口机直接呼叫住户，住户通过可视分机最终确认访客身份后，通过家中的开门按钮给访客开门，访客才能最终获准进入住户家中。

小区的常驻住户进出单元门时，使用 IC 卡。FERMAX 的门口机具有"读卡器"功能和密码开门功能(当住户忘记带卡时)，系统会自动记录每次开门的卡号。

3) 系统的扩展功能(家居安全)

系统在可视对讲的基础上，为了更加适应家庭使用，扩展了防入侵报警和紧急求助报警功能。

在居室中的主要部位，如客厅、主卧室、起居室、卫生间等地设置"紧急求助报警按钮"，紧急报警按钮既可以与家居智能控制器连接，也可以与可视对讲的扩展模块连接。通过家居可视分机上的功能键，可以与小区管理中心管理员直接呼叫，实现双向通话，及时向小区管理员通报发生的情况，以便小区管理员能根据发生的情况做出应急处理(意外伤害、火灾、生病等)。在小区物业管理中心的管理机上能及时显示并记录住户的报警时间、住户号、报警呼叫等信息。

3. 安全防范系统

1) 周界防范系统

小区中采用红外对射探测器的方式，室外型、长距离(150 m)、双频红外对射探头。一旦有不明身份的人闯入周界，则会立即触发红外报警，将报警信号传至报警中心。

由于本小区周界的不规则性，为了保证周界防范无死点和盲区，选用的红外对射探头的数目较多，因此选用了带地址码的红外对射探测器，报警后在中心的监视器上能自动显示电子地图或模板地图，指示出报警区域。

2) 公共安全监视

公共安全监视系统是在小区的主要入口(包括主入口、次入口、车库入口等地)，小区内主要道路口、周界防范的重要区域安装摄像机。考虑到上述区域白天和晚上的照度情况可能差距较大，小区选用了彩色/黑白自动切换的摄像机，白天时使用彩色图像监视，而晚上自动切换为黑白图像监视，在夜间低照度的情况下使黑白监视图像更加清晰。共计选用 11 台室外一体化摄像机、2 台室内半球固定式摄像机。

在小区物业管理中心设置监控机房，监控机房内设置监控用主机和监视器墙，控制主机建议采用视频矩阵切换器和多媒体控制计算机相结合的方式。并配以视频管理专用软件和小区电子地图。可采用"即点即现"的操作方式，随时监视任一区域的入口状况。同时配置打印机(或视频打印机)随时打印报警情况或报警后现场的图像情况。

3) 保安巡更管理系统

小区采用无线巡更信息采集系统，安装了 20 个巡更信息采集点，保安巡更人员携带巡更记录仪按指定的巡更路线到达巡更点，并进行现场确认记录。回到监控中心后及时将巡更记录下载到计算机中，并打印出巡更记录。在交接班时应出示巡更记录，并说明巡更中发现的问题或异常情况。

4) 一卡通系统

本小区内采用"一卡通"系统。卡采用感应式 IC 卡，在 IC 卡中除输入持卡人的姓名、身份证号码、车号、住址和职业等基本信息外，也可以输入一些如特征、血型、身高、体重等资料，并可以注入一定的资金额度，以做为消费支出的基本金。小区内的住户持卡可以进出单元门、停车场，可以在小区内购物、娱乐消费，以及缴纳各种费用(如水、电、电话、物业管理及卫生清洁等)。控制计算机对卡的制作、发放、使用等进行有序管理，并对卡的丢失、损坏、住户搬迁等及时进行注销或发放新卡，对持卡消费透支或金额不足及时告警或列出"黑名单"等操作。

4. 机电设备的集中管理

1) 庭院照明管理和控制

根据照度、时间、节假日、正常和晚会等控制庭院和照明灯光的熄灭或点亮，并和周界报警联网。在夜间某一区域发生闯入报警时，会自动点亮报警区域的灯光，并启动摄像机进行监控摄像。

2) 给排水控制

在物管中心对小区给水管道的阀门、生活水箱、管道中的流量可以进行有效的控制和监测，有利于节水和节约能源，并对小区内的排污泵、潜水泵、集水坑等工作状态和高、低水位进行有效监测和控制。

3) 音乐喷泉控制

小区建造有一处音乐喷泉，它有自己一套独立的控制箱。通过端口，将音乐喷泉的控制箱与设备管理计算机连接，可在计算机上对该控制箱进行控制。实现按时间、节假日设定喷泉的喷放时间，并可根据不同的音乐进行不同的喷放组合，营造一种和谐的气氛。

5. 计算机网络和物业管理中心

1) 计算机网络

小区的局域网采用二级交换模型。物管中心为一级骨干节点，每栋建筑物为二级节点，二级节点直接交换到户。

小区网络采用光纤到楼栋的星型拓扑结构，即从数据主交换机出发，光纤到楼栋。在每栋楼的中心位置(十一层的板式小高层设在五层弱电竖井内，六层板式楼设在三层弱电竖井内)设 1 个楼栋交换机，楼栋交换机接 100 M 交换到户(用户安装 10/100 M 自适应网卡)。

计算机中心机房将设在物管中心，网络主交换机和其他机房设备均安装于此。物管中心中心机房的各种应用服务器直接接入主交换机。

根据本小区的建设档次，确保小区网络系统运营的可靠性和耐用性，小区采用了美国凯创(Cabletron)公司的产品。

小区物管中心的中心机房内的网络主交换机采用 Cabletron 公司的 Matrix E5 高性能交换机，每栋楼内采用 Cabletron 公司的 VH2402S 可堆叠的工作组交换机。

2) 物业管理中心

"物业管理中心"的主要任务就是要对智能化小区进行有序的管理，智能化系统为物管中心提供了必要的管理工具和管理手段。

物管中心内设置计算机机房，机房内设主服务器、Web 服务器、小区管理用服务器、网络主交换机、设备控制用控制计算机、打印机和 UPS 电源等机房设备。另外，小区的保安监控、有线电视、消防的中心控制机等设备也安装在小区的中心机房内。

在小区组建自己的局域网的基础上，小区还计划购买一套符合实际的物业管理软件来协调小区居民、物业管理人员、物业服务人员三者之间的关系。这套软件可以将小区的事物管理、行政管理、物业管理综合在一个操作平台上，完成对房产、住户、服务、公共设施、设备运行和档案、各类取费、维修维护等各种信息资料的数据采集、传递、加工、存储及结算等操作。应用软件应能以网络为框架、数据库为基础，实现小区内信息的共享。

7.3　宁波御坊堂生物科技有限公司智能化厂区方案

7.3.1　工程概况

宁波御坊堂生物科技有限公司是具有 130 余年历史的香港御坊堂药业集团有限公司的下属机构，注册资金 4000 万港币，该公司兴建的宁波生产新区营销中心面积达 18 000 m^2。本方案针对该中心的弱电工程，包括：计算机网络系统、电话系统、防盗报警系统(包括周界防范)、监控系统、厂区音响系统、有线电视系统等几部分。

7.3.2　设计原则

该方案的设计原则除了要遵从一般智能化系统所遵从的安全、可靠、灵活、可扩展等常规原则外，本方案还着重考虑了经济、实用及合理性原则。该方案是低成本解决方案。

7.3.3 方案技术说明

整个厂区由办公大楼、车间、二期用房、研发中心和辅助用房五部分组成，基本成矩形。

本方案解决厂区办公楼(共四层)的网络系统、综合布线系统、电话系统、背景音乐系统、监控系统、报警系统和有线电视系统；并且预留与二期用房、研发中心和辅助用房的接口。

1. 计算机网络部分

1) 网络设备部分

实达(锐捷)网络近两年是发展最快的国内专业网络设备商。本方案计算机网络核心交换机采用实达 3550－24，带 24 个百兆端口，并提供 2 个千兆接口，性能与 Cisco 3500 系列相当。其最大优点是价格便宜，且保证了主干千兆。即使以后网络中心升级了，本设备仍可降为二级中心交换机，保护了用户的投资。

二层/接入层交换机采用实达 1824+，它是百兆 24 口交换机，是性价比最好的品牌接入层交换机。

路由器采用实达 2501+，带 2 个百兆端口(分别接内外网)，也可采用实达 2624，带 4 个百兆端口，可以方便地设置内外网的多条进出通道。

系统考虑两台服务器，一台做 Web 服务器，另一台做应用服务器(如视频会议服务器和企业 ERP 服务器等)。本方案选用浪潮服务器，因为它是目前国内最专业的服务器供应商，近 8 年来连续荣获国内服务器销量冠军。

由于短期内网站点击率不会很大(每秒钟不会超过 100 次)，故我们采用浪潮 NP70R 以降低成本，并支持 Raid 1 功能以保证数据安全。数据服务器采用 NP120L，为保证安全，我们计划做 Raid 5，同时配了 2 块 SCSI 硬盘，并适当扩充了内存。

因为办公楼对用电要求不是很高，所以 UPS 部分只考虑给机房内设备供电，用 APC SMART－3000INET：3KVA/在线式/4Hours。

2) 结构化布线部分

(1) 办公楼内布线：楼内共有 127 个网络(信息)点，109 个电话(语音)点，为节省成本并提高通用性(信息与语音点可临时借用)，根据结构化布线原理，本系统不设楼层配线间，所有信息点均由中心机房引出，信息点采用有百年历史的加拿大 IBDN 产品，语音点采用国产的东方线缆和相关插件，也按 RJ45 规范布线。

考虑到楼内还有监控、报警、背景音乐等弱电系统，为此在二楼放置一根 200×100 的水平主干桥架，所有的弱电线都可通过这根总管向下/上到相应位置。

(2) 楼与楼之间布线：为以后方便增加和改变弱电配置，在各楼与网络中心之间设立弱电沟/管道，以便以后追加时不用破路。外部接入(电话、网络、有线电视等)一般从门卫进入，所以门卫有弱电管道通到网络中心。

3) 网络安全

防火墙用于防御外部非法入侵，保护内部网络系统的安全。防火墙的实现机制有：包过滤、电路网关、应用网关、状态表检查、网络地址翻译和日志等。大部分防火墙都将这几种机制结合起来使用。本方案采用联想网御 2000 FW EN－T3，其支持动态检测包过滤，透明代理，入侵检测，远程认证服务，智能日志审计，安全管理。并发连接数：300 000，网络吞吐率：98 M，MTBF：40 000 小时，带 3 个 10/100 M 的以太网接口。

4) 网络视频会议(AVCON)

该系统利用先进流量控制算法，保证在用户有限资源情况下提供最有效的高质量的服务，保证了网络 Qos 服务及自适应的带宽调节，系统灵活的分布式架构，在以太网环境和宽带 Internet 下，实现了稳定、连续的音视频流的播放；该系统跨平台性能极强，支持 Windows 2000/XP、Solaris、Linux 等平台，各平台之间实现无缝连接。该系统同时支持会议室型和桌面型会议两种应用，并且提供非正式会议的平等的视频电话方式应用，而且可以方便地升级到远程视频监控系统。该系统支持 MCU 集连，并能通过 MCU 的代理转发减少 MCU 之间的网络负载，节省网络带宽，在同一个 MCU 内，网内的用户的视频流不占用外网带宽，整个系统基于 Web 方案设计，且有 Web 的易操作性，即使初学计算机者也能使用。

5) 行为管理

网络安全除常见的防火墙、网络杀毒和入侵检测等外部监管外，对于大型企事业单位，还要加强内部管理规范，通过技术手段加强对员工上网情况的监控和限制；形成多种统计报表和排行榜，可以帮助企业管理者了解企业员工的上网工作情况，提高管理效率；通过对外发邮件和上载内容的监控、拦截及审核，防止企业机密信息通过互联网泄漏出去。

2．电话系统

1) 电话布线部分

根据综合布线规范，采用现在智能化楼宇布线最流行的 RJ45 方式布电话线(语音点)，其优点有：

(1) 适应将来的新需求(如美国电话线是用 4 线)。

(2) 若信息点不够，可用语音点抵用。

(3) 若某位置语音点不够，8 芯网线最多可拆分为 4 路语音(4 门电话)。

(4) 方便以后升级为 IP 电话。

(5) 灵活性极强，维修方便，更改方便，可靠性最高。

(6) 整体一致，特别美观。

该电话系统走线方式同网络一致，在其他楼设置转手箱跳接。

外线大对数电缆接入可采用接线桩方式，考虑故障率等因素，不建议用 110 配线架。

2) 集团电话(程控交换机)

虽然厂区规划语音点在 150 个左右(含二期)，但并不意味全部接上。根据需要，可能有一部分直接接外线，一部分接 IP 电话，一部分接数字传真，还有一部分做备用。所以集团电话按 16 进 120 出配置基本能满足今后 3～5 年的发展需求。

如果内部分机在 48 门以下，可以考虑用国产机以降低费用，如申欧、中联等。若内部分机在 64 门以上，建议采用进口程控交换机，以确保稳定性，如三星、OKI、NEC 和西门子等。

以上集团电话的选择，必须与当地电信的局方设备相匹配。

3．防盗报警系统

1）室内防盗报警

本系统主要对办公楼内实行防盗监控，考虑到报警点不是很多，故采用分线制中小型报警主机即可满足要求。鉴于当地110报警中心的报警主机为美国C&K公司的主机，为保证兼容性，本方案也采用C&K的报警主机。作为类似人"眼睛"的报警探测器，由于其地位的重要性，本方案选用国外技术相对成熟的加拿大枫叶系列报警探测器，新一代的智能型红外探测器由于采用了对探测信号的智能分析技术，因此也能很好地解决误报的问题，同时保证了灵敏度。如图7.11所示。

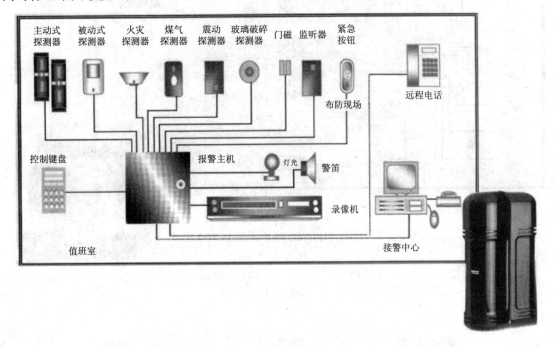

图 7.11

2）周界防范系统

为简单起见，将整个厂区分为东南西北各一个防区。各红外探测器电源由值班室供给。周界系统探测器采用主动红外对射型，一发一收组成一对，有效距离视收发器型号而定，红外线光束构成一道人眼看不见的封锁线，当有人穿过或阻挡这两条红外线时，接收机将会启动报警主机，报警主机收到信号以后立即发出报警信号。值班人员收到报警信号可立即做出相应措施。根据距离的远近及围墙的结构形状，选择不同参数的红外对射共20对组成四个防区。

4．闭路监控系统

闭路监控系统和一般监控系统略有不同，宁波御坊堂监控系统除了办公楼常规监控外，还要对车间、厂区进行监控，这也是一般企业监控的共同点。本方案车间全部采用彩色固定摄像机，用壁式安装方式以避免车间横梁等遮挡摄像视线；对于办公楼则安装室内一体化球型镜头。另外，为了既能配合周界防范系统又能节省成本，在厂区四周及门口(门卫室外)安装五台室外摄像机实现大面积监控。考虑企业特色，本系统终端(包括防盗报警终端)

设在门卫室，以节省人力资源。同时为了降低操作及维护的复杂性，系统采用流行的硬盘录像模式。

本系统支持网络视频服务。当系统接入企业局域网后，授权人员即可在局域网甚至广域网上进行实时观看，特别适合管理人员随时随地了解重要场所如车间的运作情况。如图7.12 和图 7.13 所示。

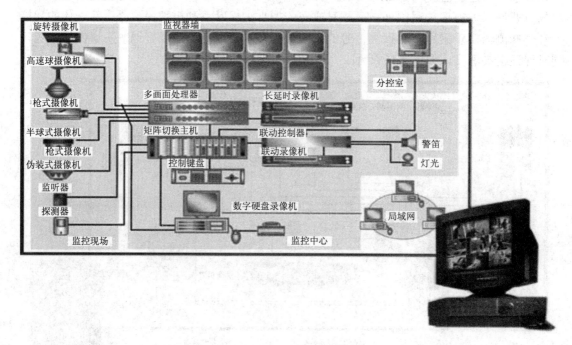

图　7.12

图　7.13

5. 背景音乐系统

背景音乐系统除平时播放背景音乐、通知和企业广播站外，还可在紧急情况下作为紧急广播使用并可与消防反应装置联动，火灾时能自动切换。相较于商场超市等公共广播系统而言，本系统寻呼广播等功能较弱，在满足紧急广播要求的前提下，系统主要用作播放背景音乐，以营造一个舒适、和谐的工作环境。

广播音响系统基本分为四个部分：节目源设备、信号的放大和处理设备、传输线路和扬声器系统。

节目源设备由收音机，DVD/VCD/CD 兼容机和录音卡座等设备提供。

信号放大和处理设备：包括调音台、前置放大器、功率放大器和各种控制器及音响加工设备等。这部分设备的首要任务是信号放大，其次是信号的选择。调音台和前置放大器的作用和地位相似(当然调音台的功能和性能指标更高)，它们的基本功能是完成信号的选择和前置放大，此外还担负音量和音响效果的各种调整和控制。这部分是整个广播音响系统的"控制中心"。功率放大器则将前置放大器或调音台送来的信号进行功率放大，再通过传输线去推动扬声器放声。

传输线路随着系统和传输方式的不同而有不同的要求。对于礼堂、剧场等场所，由于功率放大器与扬声器的距离不远，因此，一般采用低阻大电流的直接馈送方式，传输线要求用专用喇叭线。而对于本系统，由于服务区域广，距离长，为了减少传输线路引起的损耗，往往采用高压传输方式，传输电流小，因此对传输线要求不高。

扬声器系统：对于办公楼等有吊顶的区域，因为吊顶即为天然障板，所以采用无后盖的吸顶喇叭也不会引起声短路。而对于车间，考虑到音质及安装因素，全部采用壁挂式带后盖的扬声器。如图 7.14 所示。

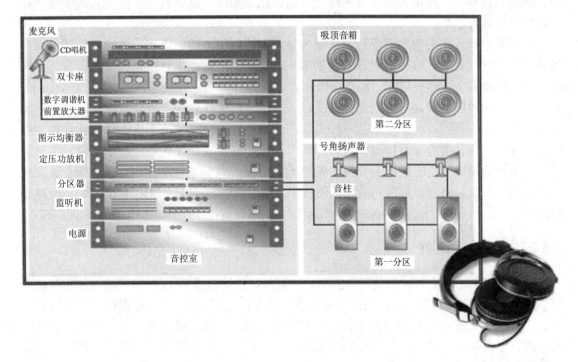

图　7.14

6. 有线电视系统

有线电视的分支分配器应具有高屏蔽、优异的带内波动及反射损耗等特性。本方案采用的 YTP、YTZ 全屏蔽分支分配器采用锌合金一体化外壳，屏蔽系数超过 100 dB，YTP 全屏蔽 10～16 分配器铝压铸外壳具有独立的防水、防潮和自封闭功能。

为了实现公司自有节目的播放及实况转播，系统配备了相应的邻频调制器及音视频转接设备。

节目播放包括企业风采，企业产品介绍，各种培训资料，会议资料及娱乐带等，用录像机，DVD 机，电脑等形式经调制后混入有线电视网络，从而播放到厂内各个角落。

实况转播可以通过模拟或数码摄像机，通过音视频转接盒差转到网络中心，进而通过企业有线电视系统播放到厂内各个角落。

鉴于本企业是外资企业，可通过安装卫星接收装置收看国际的相关节目和资讯。本地站主要由天馈、底座两部分组成，可直接接收同步卫星转发 C 和 Ku 波段的电视、通信等信号，也可通过调制进入有线电视前端。

7.4   数字化校园解决方案

7.4.1   设计原则

现代化校园是一种具有特定功能的智能化建筑的群体，应该注重整体功能和整体策划，要改变传统的"一间教室、一块黑板、一位老师、一盒粉笔和一堂板书"的教学方式，运用各种高科技技术，采用智能化、网络化、信息化来实现多媒体教学、交互式教学、计算机教学以及远程教学。

除了运用现代化的教学手段外，还须为学员和教师员工提供现代化的交流场所、求知场所以及餐饮、住宿、锻炼、娱乐和生活服务等场所。因此，本数字化园区的定位为"环境优雅、设施齐全、功能完善、服务至微和管理现代"。

本数字化校园的解决方案处处体现"以人为本"的设计思想。设置智能化系统的目的是为"人"来服务的，为学生创造一个良好的学习环境、交流环境、生活环境和提供各种服务性设施，为各类专业教师提供良好的教学环境和各种现代化备课、教学手段，为园区的管理人员提供现代化的管理手段和工具(既包括学籍、教务、教学评估，也包括会议、图书、后勤、食堂、宿舍、娱乐和锻炼；还包括物业、机电、能耗、绿化等的管理)，为整个园区的运营提供保障，包括环境、安全、消防、供水、供电、供热、绿化及后勤供应等。

7.4.2   方案技术说明

本方案包括了综合布线系统、计算机网络系统、消防报警系统(火灾探测报警和联动控制、紧急广播)、安全防范系统(闭路电视监控、通道(门禁)管理、防入侵报警和周界防范、巡更、一卡通应用等)、楼宇自控系统、集成管理系统、公共广播系统、卫星接收和有线电视系统、多媒体教学系统、办公自动化系统、会议系统、公共信息发布信息和查询、时钟系统等。见图 7.15 所示。

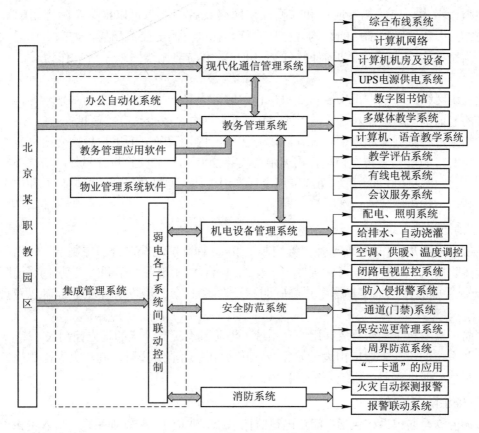

图　　7.15

1. 综合布线系统

综合布线的拓扑结构与未来的网络结构及应用带宽密切相关，本方案采用三级星型结构：第一级从网管中心到各区域网管分中心，千兆以太网，考虑到距离采用室外型、带保护的单模光纤产品；第二级从区域网管分中心到各单体建筑物(或信息点较多的楼层配线间)，千兆以太网，采用多模光纤链接；第三级从单体建筑物(或楼层配线间)到终端信息点，百兆以太网，采用超五类 UTP 双绞线，金属桥架和金属钢管(弱电专用)保护。

综合布线覆盖的范围是数据、语音、基于数字化的多网合一的多媒体教学系统(包括远程教学系统)、视频会议。控制网(教学用电视节目除外)仍采用各专业的专用线缆传输，但上一层管理网中(中心到区域控制器)支持网上传输这些信息和数据，包括视频。

综合布线的布点原则是：教学楼中的实验室、普通教室及多媒体教室等每教室 2 个数据点，阶梯教室、报告厅、大面积普通阅览室等每间 4~6 个数据点，有的数据点用于连接无线局域网的 AP，教学楼中的教师休息室，办公楼中的普通办公室，20~30 m^2 左右的每间安排 2 个双点(2 数据、2 语音)，40~50 m^2 左右的每间安排 4 个双点(4 数据、4 语音)，语音教室按 50~60 人考虑，网络教室按 100~120 人考虑。

2. 计算机网络系统

计算机网络系统的拓扑结构和传输速率决定了布线产品的选型和链接方式，在满足使用的前提下，应适当考虑今后的升级和扩展应用的可能。数据点的布局应该根据建筑物的使用性质，考虑一定的拓展应用和前瞻性，网络设备的端口可以根据实际应用配置，如实际的办公人数、管理部门的结构等分期实施。在大空间的交流场所，如报告厅、大型会议室、大空间办公室，为了扩展网络的应用，采用局部无线网络系统，作为有线网络的拓展。

在有线网络的布线点上安装节点机(AP)，实际上是一个无线网络的基站。人们利用随身携带的笔记本电脑，插入无线网卡(11 M)即可上网办公或查询有关信息。

本园区是将数据点和电话点分开的，并在园区内设置独立的用户程控交换机。其中园区办公楼安装 600 门程控交换机，培训中心安装 200 门程控交换机，另外，安装外线电话 240 部，公用电话 100 部。语音布线采用电话专用电缆，通过建筑物间的电信井和电缆沟铺设，在各建筑物内安装电话接续箱。

3. 消防报警系统

系统采用图形工作站+联动性报警控制主机+非标准联动控制台的控制结构。消防中控室的设备除控制主机外，同时配置图形工作站 1 台(电子地图显示和管理功能)、消防联动控制台(内置电源)1 台、消防紧急广播呼叫站及设备 1 套、消防电话系统 1 套以及打印机 1 台。

消防广播与背景音乐播放共用一套系统。消防具有更高一级的优先控制权。

消防系统的设计一般应由设计院完成，施工由专业消防公司实施，火灾探测报警和联动控制部分一般纳入弱电系统来统一管理。

4. 安全防范系统

校园的安全防范系统包括：闭路电视监控系统、通道(门禁)管理系统、防入侵报警和周界防范系统、巡更管理系统和"一卡通"应用系统(考勤、消费，学籍/学科管理)。

安全防范系统的集中管理设在行政办公楼一层，与消防、设备监控系统共用房间，由校方保卫处主管负责，可通过网络进行管理，具有级别的控制权限。

闭路电视监控系统分为两部分：一部分是涉及到公共安全部分的监控，另一部分是完成多媒体教学过程中对教室中教学内容或秩序的监控。

公共安全监控分布在各建筑物中主要出入口，园区内主要路口，园区周界监视等。中心机房置于监控中心，在保卫处办公室设分控站、主控设备和配套设备安装于监控中心。在四个警卫室设分控站，安装区域控制器和分控设备。监控中心和分控站间通过光端机或同轴电缆链接。监控中心配套专用的多媒体控制计算机和视频管理软件，采用电子地图完成对系统的实时管理，具有与防入侵报警系统、门禁管理系统、楼控系统的联动功能。

多媒体教学监控安装在多媒体教室的后方，主要目的是在中控室可以观看到教室的教学资源的调用使用情况，同时作为观察教室教学秩序的手段，如电子监考。前端采用模拟摄像机，通过每间教室内的中控器，将模拟信号转变成压缩的数字信号(目前采用 MPEG4)后在网上传输，实现与中控室视频传输。

通道(门禁)管理系统主要完成各建筑物的出入口、重要办公室、实验室、教室和展厅等位置的通道管理。

防入侵报警和周界防范系统是对重点区域和校园周界进行安全防范，尤其是夜间或节假日期间，可以对监测区域进行布防，如重要房间或首层房间、财务室、档案室、资料室、重要机房、重要实验室等。探测的元件有红外/微波双鉴探测器、玻璃破碎探测器、门磁窗磁开关和红外对射探测器等。

巡更管理系统是为了实现对夜间保安巡更人员的有效管理，以使他们按指定的时间、按照指定的巡更路线，完成保安巡逻任务。

"校园一卡通"系统是指在安全防范系统中使用的"一卡通"，即持卡人所持的卡可以作为通行证(房间门、通道门、考勤、会议)、饭卡、上网卡、图书借阅卡及停车卡等。

5. 楼宇自控系统

楼宇自控系统实施的目的是实现园区内所有机电设备的集中管理和有效管理，以对各种机电设备工作状态实现最佳控制，达到节能、提高设备寿命的目的，同时使管理人员有效监视设备状态、建立设备档案，对所有受控设备状况了如指掌。

纳入楼宇自控系统的机电设备有冷、热源系统(冷源：制冷机组；热源：热交换器)、空调系统、电梯系统、配电系统监视、照明系统、给排水系统、送排风系统、音乐喷泉、庭院绿地灌溉自动装置等。如图7.16所示。

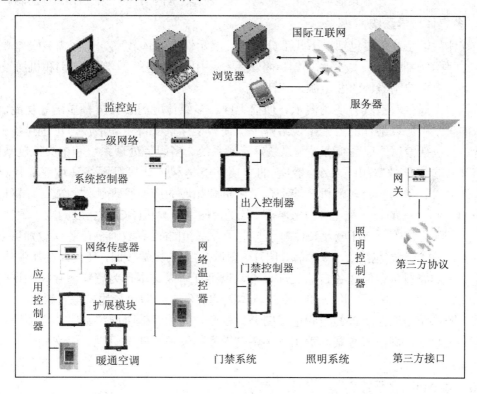

图　7.16

6. 集成管理系统

集成管理系统在园区内包括两个结构完全不同的控制网络：数据网和控制网。这两种网络控制的对象不同、信息的种类不同、传输协议也不相同。但这两个网络之间需要由集成管理系统采用OPC或网关等技术将这两个网络有机地融合在一起，因此，集成管理系统需要特定的接口管理软件和管理平台软件来支持。

本系统管理平台软件支持B/S结构，在集成服务器中嵌入Web服务器，利用网络应用技术的浏览器可以查看(甚至修改)系统中的各种参数,在管理员机上可以通过浏览器监视或观察控制网中任何一个子系统的工作状况。

7. 公共广播系统

校园内的广播系统应该分成两部分:一部分为公共广播系统,它主要用于各建筑物的公共部分的广播,以及庭院(楼外)广播,这部分是背景音乐播放与消防紧急广播合一的系统,消防紧急广播具有最高级的控制权;另一部分为教学用广播系统,它属于多媒体教学的一部分,采用多网合一的传输方式。在控制中心对音频进行调制处理后,通过教学网播出。

8. 卫星接收和有线电视系统

校园的有线电视系统分为两部分:一部分是普通意义上的电视节目接收,如领导办公室、教师办公室、普通教室、值班室、会议室、接待室、校长楼和学生公寓等。这部分是传统的电视接收系统,采用传统的有线电视分配网络;另一部分是多媒体教室,这部分教室采用多网合一的数字网统一播放,由中控室来统一控制,教室的视频终端可以是电视机,也可以是投影机、PDP 等其他显示媒体,通过安装在教室内的"中央控制器"控制。

9. 多媒体教学系统

多媒体教学系统主要包括以下几部分内容:演示性多媒体教室、交互式多媒体教室(电子教室)、教学备课系统、数字图书馆、考试系统、中控室(包括教学资源库)和机房设备(包括服务器、中央控制器、UPS 电源、打印机)。

演示型多媒体教室具有现场演示、便捷上网、多媒体应用和大屏幕显示等功能,将各类丰富的教学资源以最佳的方式呈现给师生,使教学课堂变得生动活泼,可进一步提高教学质量。它包括信息处理系统、显示系统、音频系统、多媒体处理系统和中央控制系统等。

交互式多媒体教室(电子/网络教室)的主要功能是利用计算机网络环境完成计算机教学。传统的设置是由一台教师机、若干台学生机和相应的应用管理软件组成;计算机采用传统的 PC 机。现在的设置是由一台服务器、若干台网络计算机(NC)和相应的应用软件组成。

教学备课系统的网络环境及硬件配置与电子教室相同(没有教师机)。备课教师可通过网络调用各种教学资源(包括文字、声音、图片、图像等)完成教学备课,使授课更加生动活泼。备课完成后的资料可存储在各自的文件夹中,也可打印成文本作为资料留存。上课时,教师只需在相应的教室中通过网络和口令进入本人的文件夹,即可调用备课资料。

数字图书馆是以高质量的正版电子图书为核心,为读者提供网络数字化借阅服务的现代化图书馆解决方案。本方案涵盖了数字图书馆系统管理、图书管理、全文检索和读者下载阅读等功能。

10. 办公自动化系统

办公自动化系统包括校园管理信息系统和校园行政办公管理系统。

1) 校园管理信息系统

该系统功能涵盖中小学管理各个方面,通过公共接口,可实现与上级教委系统间的信息交互,可以建立和完善中小学教学管理基础数据库和资料库,成为全市/全省统一、规范的管理信息网的一部分。它的主要功能有如下几个方面。

(1) 学籍管理:包括学生信息维护、学生流入/流出、校内流动、学习成绩管理、学生各类信息统计及各类报表输出等;

(2) 教务管理：包括新生入学、年级、班级安排、课程设置、考试安排、升级(毕业)等功能；

(3) 师资管理：包括对教职员工基本信息(家庭信息、工作简历、学习简历、继续教育情况、职称评定记录、职务任免记录、发表论文著作情况、奖励情况、处分情况等)，以及人员内部调配管理、人员离退休、调动等管理、统计和维护等；

(4) 校产管理：包括对学校所有固定资产的管理(建账、入账、出账、注销等)，以及统计、查询、打印报表等；

(5) 综合信息管理：包括学校基本信息的维护(如组织结构、机构设置、教师/学生的基本状况等)、校舍信息的维护(如办公室的分配、教室/实验室的使用等)、学校信息的设置管理和统计查询等功能；

(6) IC 卡管理：通过 IC 卡，为学生创建一个独立的可携带的电子档案，并作为"一卡通"工具，成为学生进行各项活动的有效凭证；

(7) 系统管理：主要包括权限管理、字典管理、数据库维护和在线帮助等。

2) 校园行政办公管理系统的功能

校园行政办公管理系统的功能有如下几个方面。

(1) 公文处理：能够实现公文的电子起草、审核、传阅、会签、签发、接收和归档等功能；

(2) 文件收发：用于文件的上传下达，实现各级教育部门、学校等不同单位间的新闻、简报、文件等信息的下发和上报；

(3) 档案管理与查询：能够完成组卷、查阅等工作，保存所有由"公文处理"和"文件收发"子系统归档过来的全部文件，并按性质分类组卷，供有关人员查询。

(4) 会议管理：主要用于制定会议安排、发送会议通知、记录会议纪要、会议室登记等，与会人员可以查看会议安排和会议纪要；

(5) 领导日程安排：包括领导活动的基本信息、时间和地点等；

(6) 外出管理：可对人员外出情况进行管理，如去向、日期和返回时间等；

(7) 信息发布：发布各种公共信息，并进行管理和更新。

11. 会议系统

会议系统包括会议控制系统、会议室集中管理系统、会议扩声和音响系统、同声传译系统、会议监视和会议记录系统、远程视频会议系统等。下面分别作以介绍。

(1) 会议控制系统适合于召开领导层会议或学术交流型的会议，可以进行主从式、交互式、讨论式发言，可对讨论的议题进行无记名表决，表决结果可以显示在主席机或显示屏上。

(2) 会议室集中管理系统主要是将会议室中所有与会议相关的设备采用小型触摸屏集中统一来管理，它可以完成电动窗帘的开/闭控制、灯光的无级调光、电控玻璃的开/闭控制、投影机和投影幕的升降、录像机和 VCD 机的控制、音响的音量/音质控制、空调的温度调节以及无线信号屏蔽系统的开/闭控制等功能。

(3) 会议扩声和音响系统主要完成背景音乐播放、会议扩声、音质音调的调节、音箱/扬声器的编组控制等功能。

(4) 同声传译系统配合会议控制系统，共同来完成国际间交流会议的举行。系统由代表发言机、译员机、红外发生/控制器、红外场发射板和听众耳机等组成。

(5) 会议监视和会议记录系统主要完成会议期间会场情况的监视和会议全过程的音视频记录，以作为新闻题材或历史资料保存。在会场适当的位置和角度安装摄像机，对会场的视频进行记录，语音可以通过音响系统的录音机录制，然后进行视频和语音的合成处理。会场的主摄像机具有发言者追踪功能，与会议控制系统配合，主摄像机可以依据语音自动追踪发言者，以做到录制的视频图像最佳。

(6) 远程视频会议系统主要完成远程交流。目前有两种可用的形式，一种是完全基于互联网络的；另一种是基于视频多点控制器的。本校园视频会议采用基于 IP 的纯软件解决方案。

12. 信息发布和查询系统

在公共活动区域的楼宇，如图书馆、报告厅和信息中心、行政办公楼、教师学生服务中心等两侧入口门厅放置一体化触摸查询机，在入口面对厅堂墙上安装 LED 信息发布显示屏。

信息查询和 LED 显示屏所显示的信息源来自"信息中心"或"行政办公系统"，经主管领导核准后发布。

附　　录

附录一　智能建筑设计标准(节选)

本附录是从《智能建筑设计标准》GB/T50314－2000中节选的。

一、《GB/T50314－2000》之总则

第1.0.1条　为了规范智能建筑工程设计，提高智能建筑的设计质量，制定本标准。

第1.0.2条　本标准适用于智能办公楼、综合楼、住宅楼的新建、扩建、改建工程，其他工程项目也可参照使用。

第1.0.3条　智能建筑中各智能化系统应根据使用功能、管理要求和建设投资等划分为甲、乙、丙三级(住宅除外)，且各级均有可扩性、开放性和灵活性。智能建筑的等级按有关评定标准确定。

第1.0.4条　智能建筑设计，必须遵循国家有关方针，做到技术先进，经济合理，实用可靠。

第1.0.5条　智能建筑工程设计，除应执行本标准外，尚应符合国家现行有关标准的规定。

二、《GB/T50314－2000》之建筑设备监控系统

(一) 规定

第5.1.1条　对建筑物内各类设备的监视、控制、测量，应做到运行安全、可靠、节省能源、节省人力。

第5.1.2条　建筑设备监控系统的网络结构模式应采用集散或分布式控制的方式，由管理层网络与监控层网络组成，实现对设备运行状态的监视和控制。

第5.1.3条　建筑设备监控系统应实时采集，记录设备运行的有关数据，并进行分析处理。

第5.1.4条　建筑设备监控系统应满足管理的需要。

(二) 设计要素

第5.2.1条　对空调系统设备、通风设备及环境监测系统等运行工况的监视、控制、测量、记录。

第5.2.2条　对供配电系统、变配电设备、应急(备用)电源设备、直流电源设备、大容量不停电电源设备监视、测量、记录。

第5.2.3条　对动力设备和照明设备进行监视和控制。

第5.2.4条　对给排水系统的给排水设备、饮水设备及污水处理设备等运行工况的监视、控制、测量、记录。

第5.2.5条　对热力系统的热源设备等运行工况的监视、控制、测量、记录。

第5.2.6条　对公共安全防范系统、火灾自动报警与消防联动控制系统运行工况进行必要的监视及联动控制。

第5.2.7条　对电梯及自动扶梯的运行监视。

(三) 设计标准

第5.3.1条　甲级标准应符合下列条件：

1．压缩式制冷系统应具有的功能

(1) 启/停控制和运行状态显示；

(2) 冷冻水进出口温度、压力测量；

(3) 冷却水进出口温度、压力测量；

(4) 过载报警；

(5) 水流量测量及冷量记录；

(6) 运行时间和启动次数记录；

(7) 制冷系统启/停控制程序的设定；

(8) 冷冻水旁通阀压差控制；

(9) 冷冻水温度再设定；

(10) 台数控制；

(11) 制冷系统的控制系统应留有通信接口。

2．吸收式制冷系统应具有的功能

(1) 启/停控制与运行状态显示；

(2) 运行模式、设定值的显示；

(3) 蒸发器、冷凝器进出口水温测量[*]；

(4) 制冷剂、溶液蒸发器和冷凝器的温度及压力测量[*]；

(5) 溶液温度压力、溶液浓度值及结晶温度测量[*]；

(6) 启动次数、运行时间显示；

(7) 水流、水温、结晶保护[*]；

(8) 故障报警；

(9) 台数控制；

(10) 制冷系统的控制系统应留有通信接口。

注：[*]仅限于制冷系统控制器能与 BA 系统以通信方式交换信息时实现。

3．蓄冰制冷系统应具有的功能

(1) 运行模式(主机供冷、溶冰供冷与优化控制)参数设置及运行模式的自动转换；

(2) 蓄冰设备溶冰速度控制，主机供冷量调节，主机与蓄冷设备供冷能力的协调控制；

(3) 蓄冰设备蓄冰量显示，各设备启/停控制与顺序启/停控制。

4．热力系统应具有的功能

(1) 蒸汽、热水出口压力、温度、流量显示；

(2) 锅炉汽泡水位显示及报警；

(3) 运行状态显示；

(4) 顺序启/停控制；

(5) 油压、气压显示；

(6) 安全保护信号显示；

(7) 设备故障信号显示；

(8) 燃料耗量统计记录；

(9) 锅炉(运行)台数控制；

(10) 锅炉房可燃物、有害物质浓度监测报警；

(11) 烟气含氧量监测及燃烧系统自动调节；

(12) 热交换器能按设定出水温度自动控制进汽或水量；

(13) 热交换器进汽或水阀与热水循环泵联锁控制；

(14) 热力系统的控制系统应留有通信接口。

5．冷冻水系统应具有的功能

(1) 水流状态显示；

(2) 水泵过载报警；

(3) 水泵启/停控制及运行状态显示。

6．冷却系统应具有的功能

(1) 水流状态显示；

(2) 冷却水泵过载报警；

(3) 冷却水泵启/停控制及运行状态显示；

(4) 冷却塔风机运行状态显示；

(5) 进出口水温测量及控制；

(6) 水温再设定；

(7) 冷却塔风机启停控制；

(8) 冷却塔风机过载报警。

7．空气处理系统应具有的功能

(1) 风机状态显示；

(2) 送回风温度测量；

(3) 室内温、湿度测量；

(4) 过滤器状态显示及报警；

(5) 风道风压测量；

(6) 启/停控制；

(7) 过载报警；

(8) 冷热水流量调节；

(9) 加湿控制；

(10) 风门控制；

(11) 风机转速控制；

(12) 风机、风门、调节阀之间的联锁控制；

(13) 室内 CO_2 浓度监测；

(14) 寒冷地区换热器防冻控制；

(15) 送回风机与消防系统的联动控制。

8. 变风量(VAV)系统应具有的功能

(1) 系统总风量调节；

(2) 最小风量控制；

(3) 最小新风量控制；

(4) 再加热控制；

(5) 变风量(VAV)系统的控制装置应有通信接口。

9. 排风系统应具有的功能

(1) 风机状态显示；

(2) 启/停控制；

(3) 过载报警。

10. 风机盘管应具有的控制功能

(1) 室内温度测量；

(2) 冷、热水阀开关控制；

(3) 风机变速与启/停控制。

11. 整体式空调机应具有的功能

(1) 室内温、湿度测量；

(2) 启/停控制。

12. 给水系统应具有的功能

(1) 水泵运行状态显示；

(2) 水流状态显示；

(3) 水泵启/停控制；

(4) 水泵过载报警；

(5) 水箱高低液位显示及报警。

13. 排水及污水处理系统应具有的功能

(1) 水泵运行状态显示；

(2) 水泵启/停控制；

(3) 污水处理池高低液位显示及报警；

(4) 水泵过载报警；

(5) 污水处理系统留有通信接口。

14. 供配电设备监视系统应具有的功能

(1) 变配电设备各高低压主开关运行状况监视及故障警报；

(2) 电源及主供电回路电流值显示；

(3) 电源电压值显示；

(4) 功率因数测量；

(5) 电能计量；

(6) 变压器超温报警；

(7) 应急电源供电电流、电压及频率监视；

(8) 电力系统计算机辅助监控系统应留有通信接口。

15．照明系统应具有的功能

(1) 庭园灯控制；

(2) 泛光照明控制；

(3) 门厅、楼梯及走道照明控制；

(4) 停车场照明控制；

(5) 航空障碍灯状态显示、故障报警；

(6) 重要场所可设智能照明控制系统。

16．电梯、自动扶梯的运行状态进行的监视

17．与火灾自动报警系统、公共安全防范系统和车库管理系统的通信接口

三、《GB/T50314－2000》之智能化系统集成

（一）一般规定

第9.1.1条　为满足智能建筑物功能、管理和信息共享的要求，可根据建筑物的规模对智能化系统进行不同程度的集成。

（二）设计要素

第9.2.1条　系统集成应汇集建筑物内外各种信息。

第9.2.2条　系统应能对建筑物内的各个智能化子系统进行综合管理。

第9.2.3条　信息管理系统应具有相应的信息处理能力。

第9.2.4条　对智能化系统的集成，设备的通信协议和接口应符合国家现行有关标准的规定。

第9.2.5条　系统集成管理系统应具有可靠性、容错性和可维护性。

（三）设计标准

第9.3.1条　甲级标准应符合下列条件：

(1) 应设置建筑设备综合管理系统。

(2) 系统集成应汇集建筑物内外各有关信息。

(3) 建筑物内的各种网络系统，应具有较强的信息处理及数据通信能力。

(4) 对智能化系统的集成，设备的通信协议和接口应符合国家现行有关标准的规定。

(5) 系统集成管理系统应具有可靠性、容错性和可维护性。

第9.3.2条　乙级标准应符合下列条件：

(1) 宜设置建筑设备综合管理系统。

(2) 建筑物内的各种网络系统，应具有较强的信息处理及数据通信能力。

(3) 对智能化系统的集成，设备的通信协议和接口应符合国家现行有关标准的规定。

(4) 系统集成管理系统应具有可靠性、容错性和可维护性。

第9.3.3条　丙级标准应符合下列条件：

(1) 各智能化子系统进行各自的联网集成管理。

(2) 对智能化系统的集成，设备的通信协议和接口应符合国家现行有关标准的规定。

(3) 各子系统的集成管理系统应具有可靠性、容错性和可维护性。

四、《GB/T50314－2000》之住宅智能化设计

(一) 一般规定

第 12.1.1 条　本章适用于住宅智能化系统设计。

第 12.1.2 条　住宅智能化系统设计应体现"以人为本"的原则，做到安全、舒适、方便。

(二) 设计要素

第 12.2.1 条　住宅智能化系统设计和设备的选用，应考虑技术的先进性、设备的标准化、网络的开放性、系统的可扩性及可靠性。

第 12.2.2 条　住宅楼的消防设计应符合国家现行有关标准、规范的规定。

(三) 基本要求

第 12.3.1 条　住户。

(1) 应在卧室、客厅等房间设置有线电视插座。

(2) 应在卧室、书房、客厅等房间设置信息插座。

(3) 应设置访客对讲和大楼出入口门锁控制装置。

(4) 应在厨房内设置燃气报警装置。

(5) 宜设置紧急呼叫求救按钮。

(6) 宜设置水表、电表、燃气表、暖气(有采暖地区)的自动计量远传装置。

第 12.3.2 条　住宅小区。

1. 根据住宅小区的规模、档次及管理要求，可选设下列安全防范系统；

(1) 小区周边防范报警系统。

(2) 小区访客对讲系统。

(3) 110 报警装置。

(4) 电视监控系统。

(5) 门禁及小区巡更系统。

2. 根据小区服务要求，可选设下列信息服务系统：

(1) 有线电视系统。

(2) 卫星接收系统。

(3) 语音和数据传输网络。

(4) 网上电子信息服务系统。

3. 根据小区管理要求，可选设下列物业管理系统：

(1) 水表、电表、燃气表、暖气(有采暖地区)的远程自动计量系统。

(2) 停车库管理系统。

(3) 小区的背景音乐系统。

(4) 电梯运行状态监视系统。

(5) 小区公共照明、给排水等设备的自动控制系统。

(6) 住户管理、设备维护管理等物业管理系统。

附录二　上海智能住宅小区功能配置大纲

《上海市智能住宅小区功能配置大纲》的制定和实施，使智能住宅小区在建设和认定等方面有章可循。

(一) 总则

1.1　为指导本市智能住宅小区的建设，规范智能住宅小区的设计和实施，特制定本大纲。

1.2　本大纲所称的智能住宅小区是指将信息通信、计算机和自动控制等技术运用于住宅小区，通过有效的信息传输网络、各系统的优化配置和综合应用，向住户提供先进的安全防范、信息服务、物业管理等方面的功能，以期为居住者创造安全、舒适、便捷、高效的生活空间。

1.3　智能住宅小区的设计应考虑技术先进、经济合理、实用可靠，选用的系统和设备应符合标准化、开放性的要求，并具有可扩性和灵活性。对于分期开发的大型住宅小区应进行总体规划设计，确保系统和设备的统一性和兼容性，以便于日后的维护。

1.4　智能住宅小区应包括信息通信、小区公共安全防范、建筑设备监控、家居智能化和小区综合物业信息服务等智能化系统。本大纲将智能化系统的功能配置分为基本配置和可选配置。基本配置是智能住宅小区应满足的基本功能，可选配置是智能住宅小区可进一步拓展的功能，由开发商根据实际情况和需求选配。

1.5　本市智能住宅小区的建设除符合本大纲的规定外，尚应符合国家和地方的其他有关法规、规范和技术标准。

(二) 信息通信系统

2.1　一般规定小区应通过内部管网的建设及与电话、有线电视、宽带数据等城市公共网的连接，充分利用公共信息资源，向住户提供各种类型的信息通信服务。

2.2　基本配置提供语音通信、视频广播、宽带数据等通信服务。

2.3　可选配置在小区地下车库、电梯、地下室等移动通信盲区设置移动通信中继系统。

(三) 小区公共安全防范系统

3.1　一般规定对小区周界、小区重点部位等采取安全防范措施，在小区安保中心实行统一管理，并留有对外报警接口，可与公安区域报警中心联系。

3.2　小区周界防范报警系统

3.2.1　基本配置在封闭式管理的住宅小区周界设置报警探测装置，并与小区安保中心的报警主机相连，用以及时发现非法越界者。小区安保中心设置显示屏、报警控制器或电子地图，能实时显示报警区域和报警时间，发出声光报警信号，并能自动记录、保存报警信息。

3.2.2　可选配置对小区周界使用闭路电视(CCTV)系统实施监视，或进一步以 CCTV 系统与周界报警系统实现报警信息显示与图像监视相结合的联动。

设置周界探照灯或强光灯，在夜间与周界报警系统联动。

3.3　小区重点部位监视系统

3.3.1　基本配置在小区出入口、停车场/库出入口、电梯轿厢(高层住宅)等重点部位设置相应的探测器或摄像机,通过传输网络将相关信息和图像传至小区安保中心进行监控,并将监视图像和信息进行记录和存储。闭路电视监控系统应具有时间、日期记录功能。

电梯轿厢(高层住宅)闭路电视系统应具备楼层显示功能。

3.3.2　可选配置在停车场/库内部、电梯轿厢(多层住宅和中高层住宅)、楼宇进出口、电梯厅等部位设置摄像机,扩大监视范围。

3.4　楼宇访客对讲系统

3.4.1　基本配置在住宅单元门口安装具有电控门锁的安全防盗门和楼宇访客对讲门口主机,住宅内设置用户机,在小区主要出入口和安保中心(或小区安保值班室)配置管理机。对讲分机可实施远程开锁。

3.4.2　可选配置楼宇访客对讲系统采用可视对讲系统。访客门口主机可选用智能卡或指纹等识别技术开启防盗门。

3.5　巡更管理系统

3.5.1　基本配置一般规模小区设置离线式巡更管理系统。大型住宅小区设置在线式巡更管理系统。

3.5.2　可选配置一般规模设置在线式巡更管理系统。

(四) 建筑设备监控系统

4.1　一般规定采用集散控制技术,对住宅小区的公共建筑设备实施监控,保障设备有效运行、提高物业管理水平,适应集约化物业管理和专业化维修的需要。

住宅楼(高层)的火灾报警与消防联动控制系统应满足有关行业标准的规定。

4.2　基本配置

4.2.1　给排水系统的监视:监测蓄水池、生活水箱、集水井、污水井的液位,并对超高、超低液位进行报警。监视生活水泵、消防泵、排水泵、污水处理设备的运行状态。

4.2.2　电梯系统的监视:显示电梯的层站、运行方向及故障报警。

4.2.3　照明系统的监控:对公共区域的照明(包括道路、景观、泛光、单元/楼层大堂灯光)设备进行监控。能按设定的时间表自动控制照明回路开关。

4.2.4　送排风系统的监控:对地下室、地下车库的送排风设备进行监控。监视送排风机的运行状态、手/自动开关状态和故障报警,能按设定的时间表自动控制送排风机的启停,并具备与消防联动功能。

4.3　可选配置

4.3.1　冷热源系统的监控:监视小区集中供冷/热源设备的运行/故障状态,监测蒸汽、冷热水的温度、流量、压力及能耗。

4.3.2　其他系统的监控:对园林绿化浇灌实行自动控制。对人工河、喷泉、循环水等景观设备进行监控。对其他特殊建筑设备进行监控。

(五) 家居智能化系统

5.1　一般规定家居智能化系统应体现"以人为本"的原则,充分利用小区的公共信息通信系统、安全防范系统、物业管理系统,向住户提供安全、舒适、方便的服务。

5.2　家居布线系统

5.2.1　基本配置住户室内应配置家居弱电配线箱，电话、有线电视、宽带数据等的通信线缆统一由家居弱电配线箱进行管理，并应在卧室、书房、客厅等房间设置相关信息端口。

5.2.2　可选配置其他智能化子系统的通信线缆也由家居弱电配线箱统一进行管理。

5.3　家庭安全防范系统

5.3.1　基本配置住户内具有燃气泄漏报警，一、二层户门及阳台外窗防范报警。报警时除住户室内发出声，光信号外，应将报警信号传至小区管理中心进行实时记录、处理与存储。

住户内配置按钮式家庭紧急求助报警系统，并联网至小区安保中心。

5.3.2　可选配置家庭燃气进气管设置自动开关，在发出泄漏报警信号的同时自动切断进气。

设置电话自动拨出装置，在家庭报警和求助信息反映到管理中心的同时，能够自动拨通事先设定的电话，通知有关部门与住户本人。

家庭紧急求助采用有线和无线相结合的方式。

5.4　家庭自动控制系统

5.4.1　可选配置通过智能家庭控制主机，实现对家庭内部部分供电回路、照明、空调等的统一开关控制和调节。

(六) 小区综合物业信息服务系统

6.1　一般规定小区综合物业信息服务系统应采用先进、成熟的网络技术和计算机技术，充分利用小区的各种资源，向住户提供高效、优质、便捷的服务。

6.2　表具自动计量系统

6.2.1　基本配置采用具有信号输出功能的表具，采取远程抄表或采用 IC 卡方式，实现自动计量和管理的功能。

6.2.2　可选配置小区自动抄表系统与公用事业企业部门联网，并进行故障报警。

6.3　背景音响及广播系统

6.3.1　基本配置在小区内公共场所设置有线广播系统。当出现火灾等紧急事故时，可强制切换为紧急广播。

6.3.2　可选配置广播系统与小区景观设施系统联动。

6.4　车辆出入管理系统

6.4.1　基本配置对出入小区的机动车辆通过智能卡或其他方式进行管理，并将信息实时送至小区管理中心。

6.4.2　可选配置对出入小区的车辆进行计费和识别管理。

6.5　小区信息发布系统

6.5.1　基本配置在小区内部设立电子信息发布系统，发布有关公共信息和物业管理信息。

6.5.2　可选配置住户能网上查询小区物业管理信息和其他相关的公共信息。

6.6　物业计算机管理系统

6.6.1　基本配置实用的计算机物业管理软件，实现物业、人文、修缮、服务、收费等信息的计算机管理。

物业计算机管理系统与安全防范、消防、建筑设备监控系统实现信息联通，以便统一管理，及时对报警信号做出响应和处理。

物业计算机管理系统与小区信息发布系统实现集成。

6.6.2　可选配置建立小区物业管理综合信息平台，实现安全防范、消防、建筑设备监控系统和物业公司办公自动化系统的集成，实现物业公司办公自动化系统和小区信息发布系统、车辆出入管理系统的集成。小区内实现一卡通。

（七）管线与机房工程

7.1　小区内各弱电系统的管线应统一规划设计，并与小区外公共管线沟通。管线设计应满足近期和远期发展的需要，对于分期开发的小区，应预留后续工程所需的管道数量；对弱电设施标准要求相对较低的小区，应特别注意室外主干管道的预留。

7.2　室外各种弱电管道应使用统一的公共管沟、人孔和手孔，室外主干管道应采用混凝土预制管、钢管或塑料双壁波纹管，室外支线管道应采用钢管和复合钢管。室外线缆应具有防水功能。住宅楼内的楼层弱电箱宜共用。

7.3　小区宜设置智能化中心机房，实现小区各智能化系统的集中监控和管理，机房面积和设备分布应满足紧急事件处理和系统维护所需的空间要求。智能化中心机房应设置门禁、CCTV系统，并采取应急照明措施。

7.4　智能化中心机房的供电宜采用双路独立电源供电，并在末端自动切换。机房内应设置专用配电箱，该专用配电箱的配出回路应留有余量。

7.5　智能化中心机房应设置UPS电源，UPS电源的容量应符合相关系统的行业规定。

7.6　由室外引入智能化中心机房的线缆应采取电源电涌防护器、过电压保护器等保护措施。

7.7　智能化系统的接地应与电力系统、防雷系统接地分开，接地方式应采用总等电位或局部等电位连结。接地干线应单独引至智能化中心机房。接地电阻应满足相关行业标准的规定。

7.8　智能化设备和电气设备的选择及线路敷设时应考虑电磁兼容问题，智能化机房必须远离配变电所，空间存在强干扰源时应做好屏蔽防护。

（八）附则

8.1　本大纲由上海市智能建筑试点工作领导小组办公室负责解释。

8.2　本大纲自2003年1月1日起实施，实施之日起原大纲自动废止。

附录三　常见智能建筑质量标准和验收规范

1.《钢结构防火涂料应用技术规范》　　　　CECS24–90
2.《钢制电缆桥架工程设计规范》　　　　　CECS31–91
3.《建筑和建筑群综合布线系统工程设计规范》　CECS72–97
4.《有线电视系统设计安装调试验收规程》　　DB51/T 46–91

5. 《智能建筑设计标准》　　　　　　　　　　　　DBJ 08–47–95

6. 《建筑智能化系统工程设计标准》　　　　　　　DB32/181–98

7. 《建筑智能化系统工程检测规范》　　　　　　　DB32/365–99

8. 《建筑智能化系统工程实施及验收规范》　　　　DB32/366–99

9. 《民用建筑电气设计规范》　　　　　　　　　　JGJ/T16–92

10. 《安全防范工程程序与要求》　　　　　　　　GA/T75–94

11. 《电气设备安全设计导则》　　　　　　　　　GB4064–83

12. 《信息技术设备包括电气设备的安全》　　　　GB4943–95

13. 《电子设备雷击保护导则》　　　　　　　　　GB7450–87

14. 《声频放大器测量方法》　　　　　　　　　　GB9001–88

15. 《传声器测量方法》　　　　　　　　　　　　GB9401–88

16. 《高层民用建筑设计防火规范》　　　　　　　GB50045–95

17. 《供配电系统设计规范》　　　　　　　　　　GB50052–95

18. 《通用用电设备配电设计规范》　　　　　　　GB50055–93

19. 《火灾自动报警系统施工及验收规范》　　　　GB50166–92

20. 《电器装置安装工程接地装置施工及验收规范》GB50169–92

21. 《民用闭路监视电视系统工程技术规范》　　　GB50198–94

22. 《有线电视系统工程技术规范》　　　　　　　GB50200–94

23. 《电器装置安装工程施工及验收规范》　　　　GB50254~50259–97

24. 《自动喷水灭火系统施工及验收规范》　　　　GB50261–96

25. 《气体灭火系统施工及验收规范》　　　　　　GB50263–97

26. 《建筑工程施工质量验收统一标准》　　　　　GB50300–2001

27. 《建筑电器工程施工质量验收规范》　　　　　GB50303–2002

28. 《建筑设计防火规范》　　　　　　　　　　　GBJ16–87

29. 《建筑物防雷设计规范》　　　　　　　　　　GBJ57–83

30. 《自动喷水灭火系统设计规范》　　　　　　　GBJ84–85

31. 《火灾自动报警系统设计规范》　　　　　　　GBJ116–88

32. 《建筑电器安装工程质量检验评定标准》　　　GBJ302~304–88

33. 《商务建筑电信布线标准》　　　　　　　　　GBJ42–81

34. 《声系统设备互连用连接器的应用》　　　　　GB/T14947–94

35. 《会议系统及音频性能要求》　　　　　　　　GB/T15381–94

36. 《电子计算机机房设计规范》　　　　　　　　GB/T50174–93

37. 《建筑和建筑群综合布线系统工程设计规范》　GB/T50311–2000

38. 《建筑和建筑群综合布线系统工程验收规范》　GB/T50312–2000

39. 《智能建筑设计标准》　　　　　　　　　　　GB/T50314–2000

40. 《CATV 行业规范》　　　　　　　　　　　　GY/T121–95

41. 《时钟/台标发生器通用技术条件》　　　　　 SJ/T10613–95

42. 《LED 显示屏通用规范》　　　　　　　　　　SJ/T11141–97

43. 《厅堂扩声系统设备互联的优选电气配接法》　SS2112–82

44.《通信管道工程施工及验收规范》 YD1139–90

45.《公用分组交换数据网工程设计规范》 YD5022–96

46.《智能网工程涉及暂行规定》 YD5036–97

47.《中国公用计算机互联网工程设计暂行规定》 YD5037–97

48.《大楼通信综合布线系统设计规范 YD/T106–92

49.《商务楼通信建筑布线标准》 ANSI/TIA/EIA–568A

50.《商务楼通信通路与空间标准》 ANSI/TIA/EIA–569

51.《住宅及小型商业区综合布线标准》 ANSI/TIA/EIA–570

52.《商务楼通信基础设施管理标准》 ANSI/TIA/EIA–606

53.《商务楼通信布线接地与地线连接需求》 ANSI/TIA/EIA–607

54.《以太网协议标准》 IEEE 802.3

55.《建筑物综合布线规范》 ISO/IEC 11801

56.《商用建筑通信布线测试标准》 TIA/EIA TSB–67

57.《集中式光纤布线指导原则》 TIA/EIA TSB–72

58.《开放型办公室新增水平布线应用方法》 TIA/EIA TSB–75

参 考 文 献

1　吕景泉等编著. 楼宇智能化技术. 北京：机械工业出版社，2002
2　郝国君编著. 智能建筑基础. 西安：陕西科技出版社，2003
3　陆伟良编著. 智能化建筑导论. 北京：建筑工业出版社，1996
4　温伯银等编著. 智能建筑设计技术. 上海：同济大学出版社，2002
5　张惠民等编著. 智能建筑工程设计与实施. 上海：同济大学出版社，2001
6　张瑞武编著. 智能建筑. 北京：清华大学出版社，1996
7　韩宁等编著. 综合布线. 北京：人民交通出版社，2000
8　吴达金编著. 智能化建筑(小区)综合布线实用手册. 北京：建筑工业出版社，2000
9　龙惟定等编著. 智能化大楼的建筑设备. 北京：建筑工业出版社，1997
10　汪纪峰编著. 高层建筑消防监控系统工程技术基础. 北京：建筑工业出版社，1993
11　袁文博编著. 闭路电视系统设计与应用. 北京：电子工业出版社，1986
12　http://www.ib-china.com　　中国智能建筑信息网
13　http://www.chnibs.com　　中国智能建筑服务网
14　http://www.qianjia.com　　千家网